Blandine Pluchet

Sterne und Planeten

Den Nachthimmel
mit bloßem Auge beobachten

Illustriert von Lise Herzog

Aus dem Französischen
von Svenja Tengs

Anaconda

Planet

 Sehenswerter Stern

 Deep-Sky-Objekte

 Leicht zu entdecken
(sehr hell oder häufig)

 Mit etwas Übung zu entdecken
(weniger hell oder häufig)

 Schwer zu entdecken
(leuchtet schwach oder selten)

 Ephemeriden oder
astronomische Nachrichten verfolgen

 Ideale Beobachtungszeit

Lizenzausgabe mit freundlicher Genehmigung
Titel der französischen Originalausgabe:
Le petit guide du ciel nocturne
© 2019, Éditions First, an imprint of Édi8, Paris

Penguin Random House Verlagsgruppe FSC® N001967

Die Deutsche Nationalbibliothek verzeichnet diese Publikation in der
Deutschen Nationalbibliographie; detaillierte bibliographische Daten
sind im Internet unter http://dnb.d-nb.de abrufbar.

© 2020, 2022 by Anaconda Verlag, einem Unternehmen der Penguin Random House
Verlagsgruppe GmbH, Neumarkter Straße 28, 81673 München
Alle Rechte vorbehalten.
Umschlaggestaltung: dyadesign, Düsseldorf, www.dya.de unter
Verwendung von Motiven aus dem Innenteil
Satz und Layout: InterMedia – Lemke e. K., Heiligenhaus
Druck und Bindung: PBtisk, a.s., Pribram
Printed in Czech Republic
ISBN 978-3-7306-0897-5
www.anacondaverlag.de

Einleitung

Wenn Sie heute in einen wolkenlosen Himmel schauen, können Sie sich glücklich schätzen: Das ist die Gelegenheit, denn heute Abend wird sich der Vorhang des blauen Himmels heben und Ihnen ein Stück vom Universum enthüllen.

Wahrscheinlich kennen Sie den Weltraum von Fotos, die mit Teleskopen aufgenommen wurden: Vielleicht haben Sie schon einmal einen Planeten oder sogar eine Galaxie gesehen, aber all das scheint dem Alltag so weit entrückt. Tatsächlich ist uns das Universum aber sehr nahe; es ist überall und im Grunde sind wir ein Teil davon.

Für die Beobachtung des Weltraums müssen Sie kein Experte für Teleskope sein, da Sie bereits über das ideale Instrument verfügen: Ihre Augen. Womöglich haben Sie sich noch nie intensiv mit dem Kosmos beschäftigt und kennen ihn kaum, doch mit diesem kleinen Sternenführer in den Händen können Sie unsere entfernten Verwandten jetzt kennenlernen: die Planeten, Sterne und anderen Himmelskörper, aus denen sich das Universum zusammensetzt und ohne die es uns nicht geben würde.

Ein Sternenführer für alle, die neugierig auf den Himmel sind

Ob Erwachsene, Kinder, Single oder Familie – dieser kleine Sternenführer eignet sich für alle, die mehr über die Beobachtung des Nachthimmels erfahren möchten. Dieses Buch möchte Sie bei Ihren ersten Beobachtungen begleiten, damit Sie sich mit der Nacht und ihren Himmelsobjekten vertraut machen können. Nutzen Sie dabei das einfachste Instrument, das es gibt: Ihre Augen.

In diesem kleinen Band, der sich bequem in die Tasche stecken lässt, sind nur wenige Fachbegriffe und Zahlen enthalten. So können Sie die Himmelskörper erst einmal voller Staunen entdecken und beobachten, das Funkeln der Sterne genießen und angesichts der gewaltigen Weite des Universums mehr über das große Mysterium dieser Welt erfahren.

Warum beobachten wir den Nachthimmel?

Auch wenn wir uns heute dank verschiedener moderner Technologien in Raum und Zeit orientieren können, ohne die Position der Sterne zu kennen, wie es für unsere Vorfahren noch selbstverständlich war, ist die Beobachtung des Nachthimmels auch weiterhin überaus sinnvoll.

Es geht zunächst einmal um die Freude am Entdecken dieser unbekannten Welt, die uns umgibt: »Sich mit dem Himmel vertraut machen, um ihn zu bewohnen und sich in ihm zu Hause zu fühlen«, so hat es der Astrophysiker Hubert Reeves sehr treffend formuliert. Wer den Himmel kennt und sich in ihm zu Hause fühlt, der kann im Kosmos Wurzeln schlagen. Wir alle – Tiere, Pflanzen und Menschen, egal welcher Herkunft – sind Bewohner der Erde und der Milchstraße, einer Galaxie mit Hunderten von Milliarden von Sternen inmitten von Hunderten von Milliarden anderer Galaxien in einem Universum, das vielleicht unendlich ist.

Die Beobachtung des Himmels verbindet uns mit den Gestirnen, deren Existenz zur großen Geschichte des Universums und damit auch zu unserer Geschichte gehört. Alle Sterne, die Sie heute Nacht beobachten werden, sind im Lauf dieser Geschichte entstanden, die 14 Milliarden Jahre umspannt. Aus dieser Entwicklung, die von den ersten Atomen zu Molekülen, von den ersten Sternen zu Planeten reicht, ist das Leben hervorgegangen, das wir heute auf unserem Planeten kennen. Die meisten Atome, aus denen wir bestehen (Kohlenstoff, Sauerstoff, Kalzium, Stickstoff, Eisen etc.), wurden in den Sternen gebildet, die über Generationen hinweg geboren werden und sterben und in den interstellaren Raum den Staub abgeben, aus dem eines Tages Planeten entstehen. Die Materie, aus der wir gemacht sind, ist also Sternenstaub. Wir sind Kinder der Sterne und unsere Existenz ist in eine kosmische Dimension eingebettet.

Beobachtung des Nachthimmels mit bloßem Auge

Wenn unser Stern, die Sonne, im Westen untergeht, suchen Sie sich einen freien Platz, so weit wie möglich von jeder künstlichen Beleuchtung entfernt, und legen sich auf den Boden oder in einen Liegestuhl, um das gesamte Sternenzelt sehen zu können. Richten Sie den Blick zum südlichen Himmel, wo die verschiedenen Himmelskörper ihren Höchststand erreichen. Nach und nach werden Sie sehen, wie die Sonne am Horizont verschwindet (eigentlich sind wir es, die sich mit der Erde drehen), wie sich die Farben am Himmel verändern und die Nacht hereinbricht. Wie im Theater wird sich der Vorhang heben und endlich den Blick auf das Universum freigeben.

In der Stadt sieht man viel weniger Sterne als auf dem Land und viele Himmelsobjekte bleiben leider verborgen. Wenn Sie sich mit dem Rücken zu Lichtquellen positionieren, können Sie vielleicht ein paar Dutzend Sterne, darunter die hellsten Sternbilder, sowie den Mond und die Planeten entdecken. Am besten lässt sich die Pracht des Sternenhimmels jedoch auf dem Land bewundern.

Auch wenn die Beobachtung des Nachthimmels oft am Abend stattfindet, laden auch die Morgenstunden vor Sonnenaufgang zur Beobachtung ein. Vielleicht beschließen Sie sogar, unter freiem Himmel zu schlafen. Mondlose Nächte eignen sich am besten, um die mehr als 3000 sichtbaren Sterne unserer Hemisphäre zu entdecken.

Ziehen Sie sich warm an: Da Sie sich bei der Beobachtung des Nachthimmels wahrscheinlich nicht viel bewegen werden, kann Ihnen schnell kalt werden, und es wäre schade, die Beobachtung aus diesem Grund abzubrechen.

Ihr Beobachtungsinstrument sind Ihre Augen (das einzige Beobachtungsinstrument, das den Astronomen bis zur Erfindung des Teleskops in der Renaissancezeit für die Himmelsbeobachtung zur Verfügung stand). Nehmen Sie sich Zeit, um sie auf die Nacht vorzubereiten. Sie benötigen 15 bis 20 Minuten, um sich an die Dunkelheit zu gewöhnen und die schwächeren Sterne oder die Milchstraße erkennen zu können. Mit Ausnahme von Rotlicht blendet jede Lichtquelle (auch ein Smartphone) die Augen und mindert die Nachtsicht, die nach 40 Minuten in der Dunkelheit optimal wird.

Aufbau des Sternenführers

Nach dieser Einführung nimmt Sie der Sternenführer mit auf eine Entdeckungsreise durch den Nachthimmel. Er ist in fünf Teile gegliedert und umfasst 70 verschiedene Phänomene. Am Ende des Buches sind ein Glossar und ein Register zu finden.

1. **Durch die Nacht:** Die ersten Beobachtungen handeln vom Einbruch der Nacht, damit Sie dieses alltägliche Phänomen neu entdecken können.

2. **Sonnensystem:** Anschließend erfahren Sie mehr über die Himmelskörper des Sonnensystems, die uns am nächsten sind und bei Sonnenuntergang häufig als Erste am Himmel erscheinen.

3. **Sternbild:** Dieser Teil umfasst eine Einführung in viele Sternbilder – jene Sternmuster, die unsere Vorfahren zur besseren Orientierung am Himmel erfanden. Wenn es richtig dunkel ist, können Sie sich mit ihnen vertraut machen. Einige ihrer Sterne sind sehr auffällig. Da wir nur die Hälfte des Himmels sehen können, stellen wir in diesem Buch die Sternbilder vor, die von der Nordhalbkugel aus zu sehen sind.

4. **Deep Sky:** In den Sternbildern befinden sich Deep-Sky-Objekte. Damit sind Himmelsobjekte gemeint, die sich außerhalb des Sonnensystems befinden, darunter Sternhaufen oder Galaxien. Sie gehören nicht zu den Sternbildern, können aber mit ihrer Hilfe leichter am

Himmel gefunden werden. Die Position von einigen dieser mit bloßem Auge sichtbaren Objekte finden Sie auf den Seiten der Sternbilder.

5. **Astronomische Erscheinungen:** Sie können verschiedene astronomische Erscheinungen entdecken, die mehr oder weniger selten, aber stets mit bloßem Auge zu sehen sind. Am besten verfolgen Sie dazu aktuelle Nachrichten aus der Astronomie (z. B. www.astronomie.de/aktuelles-und-neuigkeiten), um keine Termine zu verpassen.

Nicht alle Beobachtungen sind einfach durchzuführen. Manche sind das ganze Jahr über möglich, andere nur saisonal, wieder andere noch seltener. Einige Erscheinungen sind sehr leicht, andere nur mit etwas Erfahrung zu beobachten und erfordern ausgezeichnete Bedingungen, z. B. einen dunklen Himmel weit weg von Lichtverschmutzung und eine mondlose Nacht. Zur besseren Orientierung ist jede Beobachtung mit Piktogrammen versehen (eine Übersicht ist am Anfang dieses Buches zu finden).

Lichtverschmutzung und Sternenparks

Künstliches Licht ist zwar ein unbestreitbarer Fortschritt, aber sein übermäßiges Vorhandensein ist auch mit einigen Einschränkungen verbunden. In Städten können die Bewohner statt Tausender Sterne nur noch etwa 20 sehen: 80 % der Weltbevölkerung lebt unter einem künstlich beleuchteten Himmel.

Zudem schadet Lichtverschmutzung der Flora und Fauna und bringt das ökologische Gleichgewicht durcheinander. 30 % der Wirbeltiere und 60 % der Wirbellosen sind nachtaktiv. Durch die nächtliche Beleuchtung verlieren sie ihren Orientierungssinn und werden verwundbar: Wanderungen, Paarungen, die Nahrungsaufnahme, die Bestäubung etc. werden gestört.

Um der Lichtverschmutzung zu begegnen, wurden weltweit immer mehr Sternenparks gegründet (die einen unvergleichlichen Blick auf den Himmel bieten). Zu den wichtigen Adressen im deutschsprachigen Gebiet gehören der Sternenpark Westhavelland in Brandenburg, das Biosphärenreservat Rhön, der Nationalpark Eifel in Nordrhein-Westfalen, die Sternwarte St. Andreasberg im Harz und der Schweizer Sternenpark Gantrisch. Was alle gegen Lichtverschmutzung tun können, ist, die nächtliche Beleuchtung möglichst moderat einzusetzen.

Karte des Nachthimmels von
der Nordhalbkugel aus gesehen

WINTER-
DREIECK

Eridanus

Stier

Aldeb

Plejaden

Widder

Dreieck

Walfisch

Fische

Andromeda

Kassiopeja

Pegasus

Kep

Deneb

Fomalhaut

Südlicher Fisch

Wassermann

Schwa

Delfin

Pfeil

Atair

Steinbock

Adler

Adara
Sirius
Großer Hund
Achterdeck
des Schiffs
Einhorn
Prokyon
Beigeuze
Kleiner Hund
Zwillinge
Pollux
Castur
Krebs
Regulus
Waserschlange
uhrmann
Luchs
Kleiner Löwe
Löwe
Becher
Großer Bär
Jagdhunde
Kleiner Bär
DIAMANT
Haar der
Berenike
Rabe
Drache
Bärenhüter
Jungfrau
Arktur
Spica
rkules
Nördliche Krone
Schlange (Kopf)
Schlangenträger
Waage
ge
Skorpion
Antares

Nützliche Hinweise

Die Sternbilder stehen in Bezug zueinander: Um sie zu finden, hilft Ihnen die in diesem Sternenführer enthaltene Karte des Nachthimmels, der von der nördlichen Hemisphäre aus zu sehen ist (siehe S. 10–11).

Allerdings ändert sich der sichtbare Teil des Nachthimmels je nach Jahres- und Nachtzeit. Der sichtbare Teil des Himmels verändert sich je nach Position, die die Erde während ihrer jährlichen Umdrehung um die Sonne einnimmt. Durch die tägliche Rotation der Erde um sich selbst gehen die Sterne, die fest am Nachthimmel stehen, im Osten auf und im Westen unter – genauso wie die Sonne. Im Lauf einer Nacht scheint sich der gesamte Himmel zu bewegen, obwohl sich in Wirklichkeit die Erde dreht – und wir mit ihr.

Für eine leichtere Beobachtung der Sternbilder zu jeder Jahres- und Nachtzeit kann die Verwendung einer drehbaren Sternkarte sinnvoll sein (zu finden zum Beispiel unter www.sternfreunde-muenster.de/dsk.php). Sie besteht aus einer ersten Scheibe, die den von einer Hemisphäre aus sichtbaren Sternenhimmel darstellt, und einer zweiten drehbaren Scheibe mit einem ovalen Ausschnitt. Eine Scheibe stellen Sie auf das Datum, die andere auf die Uhrzeit ein. So erscheint im Ausschnitt der zu diesem Zeitpunkt sichtbare Teil des Himmels.

Die Erde dreht sich um ihre eigene Achse, welche auf den Polarstern zeigt. Die Sternbilder in der Nähe dieses Sterns sind daher das ganze Jahr über sichtbar. Unter diesen Sternbildern ist der Große Wagen eine hervorragende Orientierungshilfe und ein guter Ausgangspunkt, um andere Sternbilder zu finden: Auffällige Linien, die von diesem Sternbild ausgehen, sind auf der Himmelskarte blau markiert.

Die Sterne – keiner wie der andere

Rote Zwerge sind Sterne mit einer geringeren Masse als unsere Sonne: Sie existieren viele Milliarden Jahre und stellen 80 % der Sterne unserer Galaxie dar. Sterne mit ungefähr der gleichen Masse wie unsere Sonne heißen **Gelbe Zwerge:** Sie leben mehrere Milliarden Jahre, bevor sie sich eines Tages zu **Roten Riesen** aufblähen, die das Ende ihrer Existenz ankündigen. Die größten Sterne werden **Blaue Riesen** und sogar **Blaue Überriesen** genannt. Sie leben nur wenige Millionen Jahre und kommen seltener vor: Irgendwann schwellen sie zu **Roten Überriesen** an und explodieren dann als **Supernova**.

Nicht alle Sterne leuchten mit der gleichen Intensität. Ihre Helligkeit hängt sowohl von ihrer Größe als auch von ihrer Entfernung zur Erde ab. Ein hellerer Stern muss nicht zwangsläufig größer oder näher sein: Zum Beispiel ist

Proxima Centauri, der nächste Nachbarstern des Sonnensystems, nicht mit bloßem Auge sichtbar, wohingegen der hellste Stern, Deneb im Sternbild Schwan, 1550 Lichtjahre entfernt liegt.

Auch die Sterne eines Sternbildes sind nicht alle gleich weit von uns entfernt: Ein Sternbild stellt seit jeher ein willkürliches Muster zwischen Sternen dar, zwischen denen nicht unbedingt ein direkter Bezug bestehen muss. Beispielsweise sind die Sterne Rigel und Beteigeuze im Sternbild Orion 630 bzw. 430 Lichtjahre von uns entfernt.

Auch wenn es mit bloßem Auge so aussehen mag – Planeten sind keine Sterne. Im Gegensatz zu den Sternen, die im festen Abstand zueinander am Himmel stehen (und die Sternbilder bilden), ändern die Planeten jede Nacht ihre Position und bewegen sich in Relation zu Sternen: Die alten Griechen nannten sie »Wandersterne«. Jeder Planet hat seine eigene Umdrehungsgeschwindigkeit um die Sonne und Planeten können nicht auf Karten angezeigt werden. Um sie zu finden, werfen Sie am besten einen Blick in ihre Ephemeriden (z. B. unter www.astronomie.de/der-himmel-aktuell/der-planetenlauf).

Im Gegensatz zu Sternen strahlen Planeten oder der Mond kein Licht aus: Wie die meisten Objekte um uns herum reflektieren sie das Licht der Sonne.

Ein paar Größenordnungen

Unsere Vorfahren dachten, die Sterne seien auf einer Himmelskugel fixiert, die die Grenze der Welt darstellt. Heute wissen wir, dass das Universum unermesslich groß ist und dass wir uns den Himmel in Volumen vorstellen müssen.

Dank des Lichts, das die Sterne ausstrahlen, können wir sie sehen. Dieses Licht hat eine Geschwindigkeit von 300.000 km/s. Das Mondlicht braucht etwa eine Sekunde, um uns zu erreichen. Der Mond ist also eine Lichtsekunde von der Erde entfernt. Die Sonne ist acht Lichtminuten, Jupiter 30 Lichtminuten und das Ende des Sonnensystems mehrere Lichtstunden entfernt. Der uns am nächsten gelegene Stern befindet sich vier Lichtjahre entfernt. Die Milchstraße hat einen Durchmesser von etwa 100.000 Lichtjahren. Die Andromedagalaxie, die nächstgelegene Spiralgalaxie, befindet sich 2,3 Millionen Lichtjahre entfernt: Da ihr Licht 2,3 Millionen Jahre benötigt, um zu uns zu gelangen, sehen wir sie so, wie zu prähistorischen Zeiten war. Wer den Nachthimmel beobachtet, kann weit in die Vergangenheit zurückblicken.

Außer den Galaxien sind alle in diesem Buch vorgestellten Objekte in der Milchstraße zu finden.

Im Gegensatz zu den Sternen, die sehr weit von uns entfernt sind, befinden sich die Planeten im Sonnensystem: Wie unsere Erde drehen sie sich in einer Ebene namens Ekliptik um die Sonne. Von der Erde aus können wir die Projektion dieser Ebene beobachten: Wir sehen, wie sich die Planeten auf der gleichen Linie – der Linie der Ekliptik – bewegen. Schon die antiken Astronomen kannten diese Linie und die Sternbilder um sie herum sind sehr bedeutend: Dabei handelt es sich um die Sternbilder des Tierkreises.

Sonne

Merkur

Venus

Erde

Mars

Jupiter

Saturn

Uranus

Neptun

Theorie

Die Morgendämmerung ist die Zeit, die unmittelbar auf die Nacht folgt und in der die Sonne bereits den Himmel erhellt, ohne jedoch aufgegangen zu sein. In der Abenddämmerung wird der Himmel vor dem Einbruch der Nacht noch von der bereits untergegangenen Sonne erhellt. Wenn sich unser Stern dem Horizont nähert, durchqueren seine Strahlen eine sehr wichtige Atmosphärenschicht: In dieser wird der blaue Anteil des Lichts abgelenkt und der rote, orangefarbene und gelbe verstärkt.

Beobachtung

Die charakteristischen Lichter und Farben der Morgen- und Abenddämmerung lassen sich morgens und abends – nach oder vor der Dunkelheit – sehr gut beobachten. Manchmal sind auch die Planeten zu sehen.

Wissenswertes

Zwischen Nacht und Tag, direkt zu Beginn der Morgendämmerung und am Ende der Abenddämmerung, gibt es eine Zeitspanne, in der der Himmel nicht mehr oder noch nicht schwarz, sondern dunkelblau ist: die blaue Stunde (siehe Abbildung). Man sagt, dass sie den Beginn des Vogelgesangs am Morgen anzeigt und die beste Zeit ist, um den Duft von Blumen zu riechen.

Morgen- und Abenddämmerung

Theorie

Wenn die Sonne hinter dem Horizont und die Farben der Abenddämmerung verschwunden sind, bricht die Dunkelheit an. Dann sind bis zum Beginn der Morgendämmerung weiter entfernte Himmelsobjekte sichtbar. Die Länge der Nacht variiert je nach Breitengrad und Jahreszeit.

Beobachtung

Nachts verschwindet das Sonnenlicht, das uns daran hindert, andere Sterne zu sehen: In mondlosen Nächten und fernab von Lichtverschmutzung sind bis zu 3000 Sterne mit bloßem Auge zu erkennen. Das Himmelszelt, auf dem die Sterne im Verhältnis zueinander unbeweglich erscheinen, bewegt sich aufgrund der Rotation der Erde um sich selbst im Lauf der Nacht von Ost nach West. Mit bloßem Auge können Sie am Nachthimmel sogar unsere Galaxie, die Milchstraße, Sternhaufen, Nebel und andere weit entfernte Galaxien sehen.

Wissenswertes

In der Dunkelheit sehen unsere Augen zunächst fast gar nichts, doch nach mehreren Minuten passen sie sich an: Unsere Pupillen weiten sich je nach Lichteinfall und unsere Augen nehmen immer schwächer leuchtende Objekte wahr.

Nacht

Theorie

Die Erde dreht sich um sich selbst und verursacht so den Wechsel von Tag und Nacht. Die Sonne geht im Westen unter, weil sich die Erde dreht, und nicht, weil sich die Sonne bewegen würde. Wie die Sonne ist der gesamte Himmel in ständiger Bewegung von Ost nach West.

Beobachtung

Von einem Fixpunkt wie einem Baum aus können Sie beobachten, wie sich im Lauf der Nacht die Sterne gemeinsam am Himmel von Ost nach West bewegen und um einen Stern kreisen, der wiederum unbeweglich ist: den Polarstern, auf den die Rotationsachse der Erde zeigt. Auch wenn die Planeten der Bewegung des Sternenhimmels von Ost nach West folgen, bewegen sie sich in Relation zu den Sternen: Dies wird deutlich, wenn Sie ihre Positionen an mehreren aufeinanderfolgenden Tagen zu einer festen Uhrzeit beobachten.

Wissenswertes

Im Sonnensystem kreisen die Planeten in einer Ebene um die Sonne. Von der Erde aus gesehen, scheinen sie sich auf der Projektion dieser Ebene – der sogenannten Linie der Ekliptik – zu bewegen. Um diese herum befinden sich alle Tierkreiszeichen, in deren Richtung auch die Planeten zu beobachten sind.

Ballett der Sterne

Theorie

Die Erde dreht sich nicht nur um sich selbst, sondern im Lauf eines Jahres auch um die Sonne. In diesem Zeitraum verändert sich der Ausschnitt des Himmels, den wir von unserem Planeten aus sehen können.

Beobachtung

Die Bewegung der Erde um die Sonne wird ersichtlich, wenn Sie die Sternbilder kontinuierlich über das ganze Jahr hinweg beobachten. Wenn Sie jede Nacht zur gleichen Zeit ein bestimmtes Sternbild betrachten, werden Sie feststellen, dass es sich langsam bewegt, um dann vielleicht zu verschwinden und mehrere Monate später erneut am Himmel aufzutauchen: Die meisten Sternbilder sind in Abhängigkeit von der Jahreszeit sichtbar.

Wissenswertes

Die Drehachse der Erde ist im Verhältnis zur Drehachse der Sonne leicht geneigt. Im Lauf eines Jahres erhält die Erde je nach ihrer Position zur Sonne unterschiedlich viel Sonnenschein, was zum Wechsel der Jahreszeiten und Schwankungen in der Tageslänge führt. Der kürzeste Tag des Jahres ist die Wintersonnenwende, der längste die Sommersonnenwende. Zweimal im Jahr sind Tag und Nacht gleich lang: Diese Tagundnachtgleichen stehen für den Beginn des Frühlings und des Herbstes.

Im Lauf der Jahreszeiten

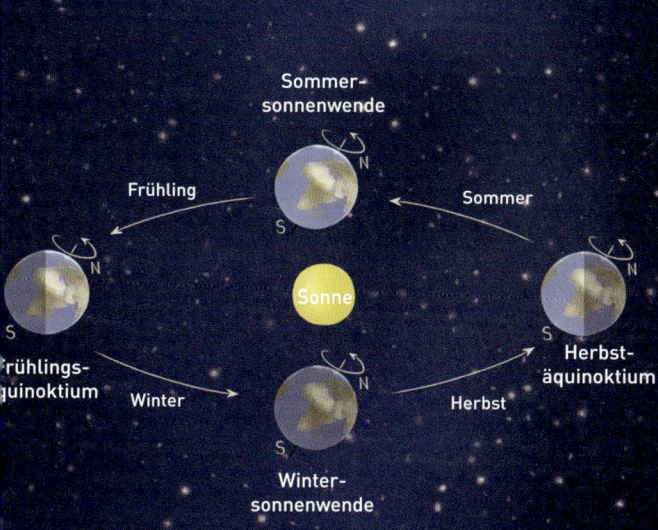

Sommer-
sonnenwende

Frühling

Sommer

Frühlings-
äquinoktium

Sonne

Herbst-
äquinoktium

Winter

Herbst

Winter-
sonnenwende

Orientierung am Himmel

Die Sonne gehört zu den seltenen Sternen, die am helllichten Tag zu beobachten sind. Dieser uns am nächsten gelegene Stern geht jeden Tag als leuchtende Kugel im Osten auf, erreicht seinen Zenit und geht im Westen wieder unter.

Beobachtung

Wegen des Risikos irreversibler Augenverbrennungen dürfen Sie die Sonne NIE mit bloßem Auge beobachten, sondern müssen immer eine Schutzbrille tragen: Ein Sonnenfilter ist unerlässlich. Wer im Lauf der Jahreszeiten ihre unterschiedlichen Auf- und Untergangszeiten sowie ihre Bahn am Himmel beobachtet, kann sich schon leichter in den astronomischen Zeitläufen zurechtfinden.

Wissenswertes

Im heißen Kern dieses mittelgroßen Sterns verschmilzt Wasserstoff zu Helium, wodurch Energie in Form von Strahlung freigesetzt wird, von der ein winziger Bruchteil die Erde erreicht. Ohne die Sonne würde es weder Licht noch Wärme und somit auch kein Leben geben.

Mythologie

Die Sonne ist in allen Kulturen ein sehr mächtiges Symbol und wurde oft mit dem Männlichen assoziiert (der Sonnengott Re im alten Ägypten oder Huitzilopochtli bei den Azteken). Für die Menschen in Nordeuropa ist sie hingegen immer weiblich gewesen (so auch für die Germanen, die glaubten, dass eine Göttin den Sonnenwagen lenkt).

Sonne

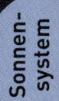

Orientierung am Himmel

Der Mond ist sehr leicht zu entdecken, da er nach der Sonne das hellste Himmelsobjekt ist. Am besten können Sie ihn beobachten, wenn er hoch am Nachthimmel steht und wir keinen Vollmond haben. Seine hellen und dunklen Bereiche sind dann auch deutlich voneinander abgesetzt.

Beobachtung

Der Mond wendet uns immer dieselbe Seite zu (und hat daher eine uns verborgene Seite), weil seine Drehung um sich selbst genau die gleiche Dauer hat wie seine Umlaufzeit um die Erde. Mit bloßem Auge sehen wir auf seiner Oberfläche helle Gebiete, hügelige oder bergige Kraterregionen sowie dunkle Tiefebenen, die Mare, bei denen es sich um weite, mit Lava bedeckte Landschaften handelt.

Wissenswertes

Der Mond besteht aus den Überresten einer Kollision zwischen einem riesigen Asteroiden und der Erde. Er stabilisiert die Erde und daher auch das Klima, sodass Leben möglich ist.

Mythologie

Die unterschiedlichen Farbtöne und Lichtverhältnisse der Mondoberfläche waren eine Inspirationsquelle für viele Mythen. Bei den Römern wurde der Mond als weibliche Gottheit Luna verehrt (in den romanischen Sprachen ist er daher weiblich, wie *la lune* im Französischen), in den nordischen Mythologien hingegen als männliche Gottheit (*der* Mond im Deutschen).

Mond

Theorie

Der Mond dreht sich um die Erde, die ihrerseits um die Sonne rotiert. Von der Erde aus können wir daher den von der Sonne beschienenen Teil des Mondes sehen, der sich im Lauf der Zeit entsprechend der Positionen dieser drei Gestirne verändert: Dabei handelt es sich um die Mondphasen.

Beobachtung

Der Mondzyklus dauert 29,5 Tage. Wenn der Mond zwischen Sonne und Erde steht, ist seine beschienene Seite nicht sichtbar und wir haben Neumond. Danach wird diese Seite mit jedem Tag ein bisschen sichtbarer und Sie können die zunehmende Sichel (bzw. das erste Viertel), den zunehmenden Halbmond und das zweite Viertel beobachten. Wenn die ganze von der Sonne beschienene Mondhalbkugel sichtbar ist, haben wir Vollmond: Dann stehen der Mond und die Sonne in Opposition zur Erde. Nach und nach verschwindet diese Seite wieder und Sie sehen das dritte Viertel, den abnehmenden Halbmond und die abnehmende Sichel (bzw. das letzte Viertel), bis wir wieder Neumond haben.

Wissenswertes

Die Mondphasen helfen bei der Orientierung in den Zeitläufen und trugen schon zur Entwicklung der ersten Kalender bei.

Mondphasen

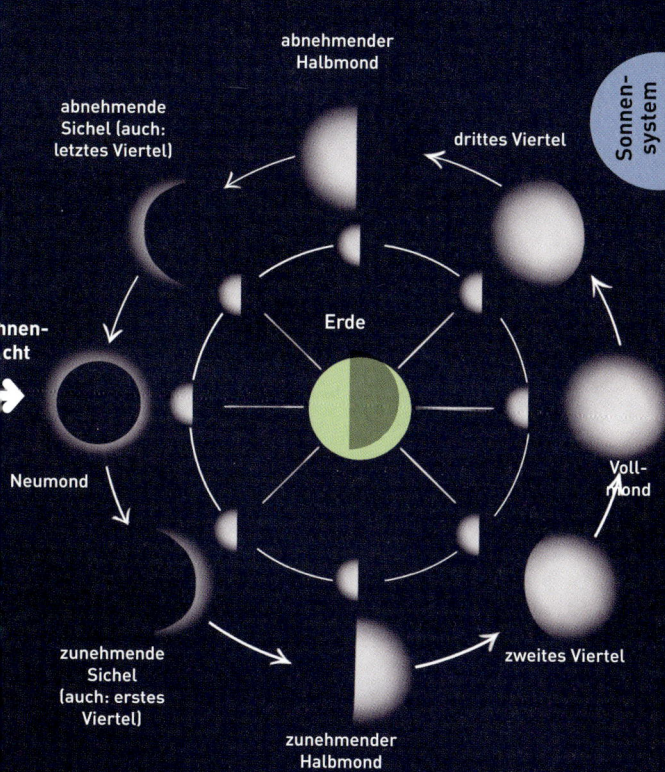

Sonnensystem

abnehmender
Halbmond

abnehmende
Sichel (auch:
letztes Viertel)

drittes Viertel

Erde

nnen-
cht

Neumond

Voll-
mond

zunehmende
Sichel
(auch: erstes
Viertel)

zweites Viertel

zunehmender
Halbmond

Beobachtung

Der Planet Merkur ist schwer zu finden, da er als sonnennächster Planet immer kurz vor Sonnenaufgang oder nach Sonnenuntergang tief am Horizont am schwach erhellten Himmel zu sehen ist, wenn er nicht gerade durch das helle Sonnenlicht oder den Dämmerungsnebel verborgen wird.

Um herauszufinden, an welchen Tagen man den Planeten beobachten kann, werfen Sie am besten einen Blick in die Ephemeriden des laufenden Jahres. Mit bloßem Auge sieht der Planet wie ein Stern aus. Die Menschen haben lange angenommen, dass es sich um zwei verschiedene Sterne handelt, weil er entweder morgens oder abends sichtbar ist.

Wissenswertes

Merkur ist ein erdähnlicher Planet, der kaum größer als der Mond und wie Letzterer von Kratern überzogen ist. Tagsüber wird es sehr heiß und nachts sehr kalt: Die Entstehung von Lebensformen ist hier unmöglich.

Mythologie

Merkur ist der schnellste Planet in seiner Umlaufbahn um die Sonne. Die Römer nannten ihn daher den Gott des Handels und der Reisen, der auch Bote anderer Götter war. Der Mittwoch ist in den romanischen Sprachen nach diesem Planeten benannt (z. B. Frz. *mercredi*).

Merkur

Sonnen-
system

Beobachtung

Die Venus ist der Planet, der nach Merkur der Sonne am nächsten ist. Dank ihrer unvergleichlichen Helligkeit ist sie sehr leicht zu beobachten: Nach Sonne und Mond ist sie das hellste Gestirn und gut im Dämmerlicht zu sehen.

Über mehrere Monate hinweg taucht die Venus nach Sonnenuntergang als erstes Gestirn am Abendhimmel im Westen auf, verschwindet dann für eine Zeit und erscheint in den folgenden Monaten morgens vor Sonnenaufgang im Osten. Allerdings kann man sie nie mitten in der Nacht sehen. Sie wird manchmal auch Schäferstern genannt, weil sie den Schäfern früher nützlich gewesen sein soll.

Wissenswertes

Die Venus ist ein erdähnlicher Planet und etwas kleiner als die Erde. Aufgrund des starken Treibhauseffekts an ihrer Oberfläche ist sie der wärmste Planet des Sonnensystems. Ihr leuchtendes Funkeln verdankt sie der dichten, stark reflektierenden Wolkendecke, die sie umgibt.

Mythologie

Dieser Planet ist nach Venus benannt, der römischen Göttin der Liebe und Schönheit. Ihr verdankt in den romanischen Sprachen der Freitag seinen Namen (z. B. Frz. *vendredi*, abgeleitet vom lateinischen *Dies Veneris* – »Tag der Venus«).

Venus

Beobachtung

Da sich die Entfernung des Mars von der Erde und damit auch die scheinbare Größe und Helligkeit des Planeten stark verändern, ist er am leichtesten zu erkennen, wenn er der Erde am nächsten kommt: in den Monaten um seine Opposition. Dann ist er nach der Venus das hellste Gestirn (was sonst der Jupiter ist) und von Sonnenuntergang bis Sonnenaufgang deutlich zu sehen.

Allerdings bleibt der Mars fast das ganze Jahr über mit bloßem Auge sichtbar: Er ist ein rötlicher Stern, der gern mit dem Antares verwechselt wird – einem leuchtend roten Stern, dessen Name »Rivale des Mars« bedeutet.

Wissenswertes

Der Mars ist der Planet, der der Erde am nächsten ist, und wird auch »Roter Planet« genannt, weil seine Oberfläche mit einem eisenoxidreichen Staub bedeckt ist, der ihm sein rötliches Aussehen verleiht. Der Planet verfügt über zwei polare Eiskappen, die aus gefrorenem Kohlendioxid und Wasser bestehen. Das Wasser dort ist zwar längst nicht mehr flüssig, aber doch vor langer Zeit über die Marslandschaft geflossen. Der Planet hat zwei Monde: Phobos und Deimos.

Mythologie

Wegen seiner blutroten Farbe ist der Mars nach dem römischen Kriegsgott benannt. Der Name Dienstag ist eine Lehnübertragung von lateinisch *Dies Martis*, »Tag des Mars«.

Mars

Sonnen-system

Beobachtung

Am Nachthimmel ist Jupiter nach der Sonne, dem Mond und der Venus das vierthellste Gestirn, das mit bloßem Auge sichtbar und daher leicht zu bestimmen ist.

Der Planet umkreist die Sonne in zwölf Jahren, weshalb er jedes Jahr in einem anderen Sternbild zu sehen ist.

Wissenswertes

Jupiter ist der größte Planet des Sonnensystems und 1300-mal so groß wie die Erde. Der Gasplanet besteht hauptsächlich aus Wasserstoff und Helium. Seine Zusammensetzung ist der der Sonne sehr ähnlich. Wäre er massereicher, hätte der Druck in seinem Inneren zu Kernreaktionen geführt und er wäre – wie Astronomen glauben – ein Stern geworden. Wie bei anderen Gasplaneten auch peitschen heftige Stürme über seine Oberfläche hinweg. Jupiter hat mehrere Dutzend Monde, von denen die vier größten Io, Europa, Ganymed und Kallisto sind.

Mythologie

Der Planet ist nach dem mächtigen römischen Gott Jupiter benannt, dem Herrscher über Himmel und Erde. Im Germanischen wurde er mit dem Donnergott Donar/Thor gleichgesetzt, nach dem der Donnerstag benannt wurde.

Jupiter

Sonnen-system

Beobachtung

Saturn ist von der Sonne aus gesehen der sechste Planet und von uns aus der am weitesten entfernte Planet, der mit bloßem Auge sichtbar ist: Seine Helligkeit ist daher schwächer als die der anderen Planeten, aber dennoch mit der der hellsten Sterne vergleichbar. Da Saturn die Sonne in 29 Jahren umkreist, können Sie ihn mehr als zwei Jahre im gleichen Sternbild beobachten.

Wissenswertes

Über die Oberfläche dieses Gasriesen, der etwas kleiner als Jupiter ist, ziehen gewaltige Winde und die längsten Gewitter des Sonnensystems hinweg. Seine Dichte ist geringer als die von Wasser, weshalb der Planet schwimmen könnte (auf einem entsprechend großen Ozean). Doch vor allem ist Saturn für seine schönen Ringe aus Felsblöcken und Eis bekannt. Er verfügt auch über mehrere Dutzend Monde, von denen der größte Titan ist, der einzige Mond im Sonnensystem mit einer nennenswerten Atmosphäre.

Mythologie

Der Planet wurde nach dem römischen Gott Saturn benannt. Der Samstag ist der Tag des Saturns.

Saturn

Beobachtung

Die Internationale Raumstation (ISS) ist das größte von Menschen geschaffene Objekt in der Umlaufbahn der Erde. Sie umrundet die Erde in 92 Minuten und fliegt mehrmals am Tag über uns hinweg. Allerdings ist sie nur an einem relativ dunklen Himmel mit bloßem Auge sichtbar und muss so positioniert sein, dass sie das Sonnenlicht zu uns reflektiert (wie die Planeten und andere Satelliten strahlt sie selbst kein Licht aus).

Unter optimalen Bedingungen ist die ISS das dritthellste Objekt am Nachthimmel und macht der Venus Konkurrenz: Man kann sie in wenigen Minuten über den Himmel rasen sehen. Es gibt viele Apps, die über die Uhrzeiten des Überflugs informieren. Weitere Informationen finden Sie auf www.heavens-above.com (englischsprachig).

Wissenswertes

Die ISS, ein einzigartiges Experimentierfeld für die Natur- und Biowissenschaften und zugleich eine Beobachtungsplattform für die Erde und das Universum, wird permanent von einem internationalen Astronautenteam bewohnt. Sie ist 109 Meter lang und 73 Meter breit, besteht aus etwa 15 unter Druck stehenden Modulen und wird über eine 4500 m² große Solarzellenfläche mit Energie versorgt.

Internationale Raumstation

Orientierung am Himmel

Der Adler ist ein Sternbild, das im Sommer ideal zu beobachten ist: Im Juli erreicht er gegen Mitternacht seinen Höchststand am Nachthimmel. Er ist an drei Sternen zu erkennen, die in einer Reihe stehen und den Vogelkopf bilden. Da der Adler vor der Milchstraße liegt, können Sie mit seiner Hilfe unsere Galaxie finden.

Sterne

Die drei Sterne, die in einer Reihe stehen, sind die hellsten im Sternbild: Altair, Tarazed und Alschain. Altair ist der hellste von ihnen und bedeutet auf Arabisch »Adler im Flug«. Dieser Stern dreht sich sehr schnell um sich selbst, was ihm eine ovale Form verleiht.

Wissenswertes

Mit den Sternen Deneb im Sternbild Schwan und Wega in der Leier bildet Altair das Sommerdreieck, ein riesiges, fast gleichschenkliges Dreieck, das die ganze Nacht am Sommerhimmel leuchtet (siehe Himmelskarte, S. 10–11).

Mythologie

Für die Griechen war der Adler der Vogel des Zeus. Außerdem ist er der einzige Vogel, der die Sonne sehen kann: Das Sternbild geht (im Osten) zeitgleich mit dem Sonnenuntergang (im Westen) auf – eine Begegnung von Angesicht zu Angesicht, die ebenfalls den Namen erklären könnte.

Adler

Tarazed

Altair

Alschain

Orientierung am Himmel

Andromeda ist vom Quadrat des Sternbildes Pegasus aus leicht ausfindig zu machen: Ihre wichtigste Sternreihe entspricht einem Bein des legendären Pferdes.

Sterne

Der hellste Stern im Sternbild, der auch zum Quadrat des Pegasus gehört, ist Alpheratz, arabisch für »Nabel des Pferds«. Der Stern Mirach ist ein Roter Riese und Alamak ein Dreifachstern.

Wissenswertes

Im Sternbild Andromeda ist die gleichnamige Galaxie zu finden – eine riesige Spiralgalaxie, die der Milchstraße ähnelt. Wenn Sie weit genug von aller Lichtverschmutzung entfernt sind, können Sie ihren leuchtenden Kern erkennen (siehe gelbes Oval auf der Himmelskarte, S. 10–11), der wie ein nebliger Fleck von der Größe des Vollmonds aussieht und auf einer Linie zwischen Mirach und der rechten Seite der Kassiopeia liegt.

Mythologie

Manchmal kommen mehrere Sternbilder in derselben Legende vor: Poseidon sandte das Meeresungeheuer Keto (Walfisch) aus, um das Königreich der stolzen Königin Kassiopeia zu verwüsten. Das Orakel versicherte König Kepheus, dass das Königreich gerettet werden könne, wenn sie dem Ungeheuer ihre Tochter Andromeda opferten. Doch Perseus eilte zu ihrer Rettung und verwandelte Keto mithilfe des Hauptes der Medusa in eine Statue.

Andromeda

Alamak

Sternbild

Mirach

Andromeda-
galaxie

Alpheratz

Orientierung am Himmel

Das einfache Sternbild Waage steht im Mai um Mitternacht am höchsten am Himmel. Sie können es gut mithilfe des Sternbildes Skorpion finden, dessen Scheren es einst bildete. Im Tierkreis befindet es sich zwischen Skorpion und Jungfrau.

Sterne

Die Namen der beiden Hauptsterne der Waage beziehen sich auf eine Zeit, in der dieses Sternbild noch nicht existierte, sondern die Scheren des Skorpions bildete: Der hellere der beiden ist Zuben-el-schemali, arabisch für »die nördliche Klaue«, und der andere Zuben-el-dschenubi, »die südliche Klaue«.

Wissenswertes

Vor gut zweitausend Jahren lag das Herbstäquinoktium in dieser Himmelsregion. Daher platzierte man dort die Waage als Symbol für das Gleichgewicht zwischen der Länge von Tag und Nacht.

Mythologie

Die Waage gehört zu den zwölf Sternbildern des Tierkreises. Nachdem sie lange zum Skorpion gezählt wurde, erkannten die Römer sie schließlich als eigenständiges Sternbild an. Für sie symbolisierte das Sternbild die Waage von Astraea, der Göttin der Gerechtigkeit.

Waage

Zuben-el-
schemali

Zuben-el-
dschenubi

Orientierung am Himmel

Legt man die Fläche zugrunde, ist der Walfisch zwar das viertgrößte Sternbild am Himmel, leuchtet dabei aber nicht sehr hell. Sie finden seinen Kopf am hinteren Teil des Sternbildes Stier unter dem Widder. Im Oktober erreicht er gegen Mitternacht seinen Höchststand.

Sterne

Die beiden hellsten Sterne des Walfisches sind Diphda, der »Schwanz des Ungeheuers«, und Menkar, seine »Schnauze«. Doch der berühmteste Stern im Sternbild ist Mira, auf Latein »die Wundersame«. Die Leuchtkraft dieses Sterns verändert sich über den langen Zeitraum von 322 Tagen. Wenn er sein Helligkeitsmaximum erreicht, wird er zum hellsten Stern im Sternbild. Im Helligkeitsminimum ist er unsichtbar. Als erster veränderlicher Stern wurde Mira 1596 entdeckt.

Wissenswertes

Der Walfisch liegt in einem Gebiet des Nachthimmels, das manchmal auch »das Meer« genannt wird, da es dort viele Wassersternbilder wie Fische, den Fluss Eridanus, den Wassermann und den Delfin gibt.

Mythologie

Für die Griechen verkörpert der Walfisch das Meeresungeheuer, das Poseidon ausschickt, um Andromeda zu verschlingen, das aber schließlich von Perseus vernichtet wird.

Walfisch

Menkar

Mira

Diphda

Orientierung am Himmel

Das kleine Sternbild Widder befindet sich unterhalb der Sternbilder Andromeda und Perseus. Der Widder erreicht seinen Höchststand gegen Mitternacht von Oktober bis November und ist dank seiner beiden hellsten Sterne leicht zu erkennen. Im Tierkreis liegt er zwischen Fische und Stier.

Sterne

Der Hauptstern ist Hamal, arabisch für »Lamm«. Die beiden Doppelsterne Mesarthim und Sheratan galten als die beiden Frühlingsboten.

Wissenswertes

Vor etwa 3000 Jahren kündigte das Erscheinen des Widders den Frühling an: Die Sonne durchlief den Widder im Frühlingsäquinoktium. Er ist daher das erste Sternbild des Tierkreises, auch wenn die Frühlings-Tagundnachtgleiche heute im Sternbild Fische liegt.

Mythologie

Trotz seiner geringen Helligkeit kam diesem Sternbild eine wichtige Bedeutung zu, weshalb der griechische Philosoph Eratosthenes darin den berühmten Widder mit dem goldenen Vlies sah, der ohne sein Fell seine Leuchtkraft verliert. Für die Ägypter war der Widder das heilige Tier des Amun, da er am höchsten am Himmel stand, wenn der Sirius aufging – jener Stern, der die Nilschwemme ankündigte.

Widder

Sternbild

Hamal

Sheratan

Mesarthim

Orientierung am Himmel

Im Frühling können Sie den drachenförmigen Bärenhüter leicht finden, indem Sie den Bogen vom Schwanz des Großen Bären verlängern, der auf Arktur, seinen hellsten Stern, zeigt.

Sterne

Der Rote Riese Arktur, griechisch für »Bärenhüter«, ist der vierthellste Stern der gesamten Himmelssphäre und nach Sirius der hellste Stern der nördlichen Hemisphäre. Mit Spica in der Jungfrau und Regulus im Löwen bildet Arktur das Frühlingsdreieck, das so hell wie das Sommerdreieck leuchtet, aber viel größer ist.

Wissenswertes

Im Altertum diente Arktur polynesischen Seefahrern als Orientierungspunkt, um die Hawaii-Inseln zu erreichen. Diese Navigationstechnik wurde 1976 auf der Piroge *Hokule'a* (»Arktur« auf Polynesisch) wieder eingesetzt, um den Pazifik zwischen Tahiti und Hawaii ohne Instrumente zu überqueren.

Mythologie

Nach einer griechischen Legende ist der Bärenhüter ein Feldarbeiter, der jede Nacht die sieben Ochsen des Sternbildes Großer Bär lenkt. Da diese Ochsen ständig um die Polarachse wandern, folgt auch der Bärenhüter der Drehung des Himmels.

Bärenhüter

Arkturrus

Orientierung am Himmel

Der Krebs, der sich zwischen Zwillinge und Löwe befindet, ist ein unauffälliges, nicht besonders helles Sternbild in Form eines umgekehrten Y. Seinen Höchststand erreicht er von Januar bis Februar gegen Mitternacht.

Sterne

Der relativ hell leuchtende Hauptstern des Krebses ist Altarf.

Wissenswertes

Genau im Zentrum des Krebses findet man den Sternhaufen Krippe. Mit bloßem Auge ist ein recht großer, runder, nebeliger Fleck zu erkennen. Dieser Haufen besteht aus Hunderten Sternen, die aus derselben Gas- und Staubwolke entstanden. Für die Chinesen symbolisierte der Krebs die Pforte zwischen der Welt der Lebenden und der Toten.

Mythologie

Nach einer griechischen Legende wurde der Krebs (lat. *cancer*) von Herkules in einer Schlacht gegen die Hydra zertreten und von Poseidon als riesiges Ungeheuer wiederbelebt, das seiner Armee diente und als Belohnung für seine Verdienste im Sternenhimmel verewigt wurde.

Krebs

Sternhaufen
Krippe

Altarf

Orientierung am Himmel

Der Steinbock ist ein recht schwach leuchtendes Tierkreissternbild zwischen Schütze und Wassermann und am besten im Sommer zu beobachten. Er befindet sich am Ende einer Linie, die vom Großen Bären durch die Augen des Drachens sowie die Sterne Wega und Altair des Sommerdreiecks führt.

Sterne

Der Stern Deneb Algedi, »Schwanz des Ziegenböckchens« auf Arabisch, ist der hellste Stern des Sternbildes. Algedi, »das Ziegenböckchen«, liegt in der Nähe von Dabih und ist ein Doppelstern.

Wissenswertes

Im Jahr 1846 wurde der Planet Neptun nahe dem Stern Deneb Algedi entdeckt, als man den Himmel in der Region Steinbock beobachtete. Der Steinbock öffnet sich zum Himmelsbereich des Meeres, in dem sich die Wassersternbilder (Delfin, Walfisch, Fische usw.) befinden. In der Antike markierte er die Wintersonnenwende und damit die Rückkehr der Sonne.

Mythologie

Er wurde oft als Ziege mit Fischschwanz dargestellt. Manche sahen in ihm die Ziege Amalthea, von der Zeus als Kind aufgezogen wurde, andere den Gott Pan, der die Form eines Ziegenkörpers mit Fischschwanz annahm, um an Land und im Wasser vor dem Untier Typhon zu fliehen.

Steinbock

Sternbild

Deneb
Algedi

Dabih

Algedi

Orientierung am Himmel

Dank ihrer W- oder M-Form (je nach Standpunkt des Betrachters) gehört Kassiopeia zu den Sternbildern, die am leichtesten zu erkennen sind. Da sie nahe dem Polarstern liegt, kann man sie das ganze Jahr über beobachten. In Bezug auf Letzteren befindet sie sich gegenüber dem Großen Bären.

Sterne

Alle Sterne der Kassiopeia sind deutlich sichtbar. Der hellste ist Schedir, »die Brust« auf Arabisch, ein Orangefarbener Riese, der 40-mal größer als die Sonne ist. Tsih, »die Peitsche« auf Chinesisch, befindet sich in der Mitte des Sternbildes und ist ein Stern, der sich mit mehr als 300 km/s um sich selbst dreht.

Mythologie

Die Königin Kassiopeia beleidigte die Meeresnymphen Nereiden, indem sie behauptete, schöner als sie zu sein. Zur Strafe wurde sie dazu verurteilt, sich an ihren Thron geketted und auf dem Kopf stehend um den Nordpol zu drehen. Kassiopeia gehört zur Gruppe der Sternbilder, die zum Andromeda-Mythos gehören.

Kassiopeia

Tsih

Schedir

Orientierung am Himmel

Kepheus ist leicht zu erkennen: Das Sternbild sieht aus, als hätte ein Kind ein Haus gezeichnet. Es ist das ganze Jahr über zwischen der Kassiopeia und dem Kleinen Wagen sichtbar.

Sterne

Sein hellster Stern ist Alderamin, der in 5500 Jahren aufgrund der Präzession der Tagundnachtgleichen den Platz des Polarsterns einnehmen wird. Delta Cephei ist der Prototyp eines veränderlichen Sterntyps namens Cepheiden, deren Leuchtkraft sich in einer Periode von etwa fünf Tagen verändert.

Wissenswertes

Bei veränderlichen Sternen besteht eine Beziehung zwischen ihrer Leuchtkraft und der Dauer ihrer Helligkeitsänderung, die auch zur Bestimmung von Entfernungen im Universum dient. Auf diese Weise konnte der Astronom Edwin Hubble die Entfernung von Galaxien außerhalb unserer Galaxie aufzeigen und den Beweis für die Ausdehnung des Universums liefern.

Mythologie

Da dieses Sternbild in der Nähe der Kassiopeia liegt, wurde es nach ihrem Mann Kepheus benannt. Es zählt zur Gruppe der Sternbilder, die zum Andromeda-Mythos gehören.

Kepheus

Alderamin

Delta
Cephei

Orientierung am Himmel

Das schwach leuchtende Haar der Berenike können Sie am besten im Frühling zwischen dem Großen Wagen sowie den Sternbildern Löwe, Jungfrau und Bärenhüter sehen (am höchsten steht es im April gegen Mitternacht). Unter guten Bedingungen ist es eher in Form von Sternenstaub sichtbar.

Sterne

Der Stern Diadem symbolisiert das Juwel in Berenikes Krone. Ein bisschen heller strahlt Beta Comae Berenices. Die meisten Sterne im Sternbild bilden einen offenen Sternhaufen, Dutzende von Sternen, alle aus der gleichen Gas- und Staubwolke geboren.

Wissenswertes

In Richtung des Haars der Berenike befindet sich ein riesiger Galaxienhaufen, der aus mehr als tausend Galaxien besteht.

Mythologie

Als Königin von Ägypten opferte Berenike II. ihr Haar dem Tempel der Aphrodite, da ihr Mann wohlbehalten aus dem Krieg zurückgekehrt war. Doch die Opfergabe verschwand. Um den Zorn des Königs zu besänftigen, erzählte der Hofastronom, dass ihr Haar von den Göttern in ein Sternbild verwandelt worden sei.

Haar der Berenike

Beta Comae
Berenices

Diadem

Sternbild

Orientierung am Himmel

Das kleine Sternbild Jagdhunde befindet sich direkt unter der Deichsel des Großen Wagens (bzw. des Schwanzes des Großen Bären) und steht im April gegen Mitternacht am höchsten.

Sterne

Sein hellster Stern ist Cor Caroli, »Herz des Karl« auf Latein, der nach König Charles II. von England benannt wurde.

Wissenswertes

Zusammen mit den hellen Sternen Arktur im Bärenhüter, Denebola im Löwen und Spica in der Jungfrau bildet Cor Caroli den rautenförmigen Asterismus des Diamanten, der das Haar der Berenike umrahmt (siehe Himmelskarte, S. 10–11).

Mythologie

Dieses Sternbild wurde Ende des 17. Jahrhunderts eingeführt und bildet die Jagdhunde ab, die den Großen Bären jagen.

Jagdhunde

Cor Caroli

Orientierung am Himmel

Die fünfeckige Form des Fuhrmanns ist am Winterhimmel leicht zu finden, wenn Sie den oberen Teil des Großen Wagens verlängern, der auf Capella, den hellsten Stern im Fuhrmann, zeigt. Südlich dieses Sterns befindet sich das kleine Dreieck »Die Zicklein«.

Sterne

Capella, lateinisch für »die kleine Ziege«, ist der Hauptstern des Sternbildes und der vierthellste Stern am Nachthimmel der nördlichen Hemisphäre. Dieser Doppelstern besteht aus zwei Gelben Riesen, die jeweils zehnmal so groß sind wie die Sonne.

Wissenswertes

Zusammen mit Pollux in den Zwillingen, Prokyon im Hund, Sirius im Großen Hund, Rigel im Orion und Aldebaran im Stier bildet Capella das Wintersechseck, das sich um den Stern Beteigeuze erstreckt und von der Milchstraße durchzogen wird (siehe Himmelskarte, S. 10–11).

Mythologie

Der Fuhrmann stellt einen Wagen und seinen Fahrer dar, der Amalthea auf dem Rücken trägt – die Ziege (Capella), die Zeus als Kind gesäugt hat.

Fuhrmann

Capella

Die Zicklein

Orientierung am Himmel

Wenn Sie weit von jeglicher Lichtverschmutzung entfernt sind und die Deichsel des Großen Wagens verlängern, können Sie zwischen den Sternen Wega in der Leier und Arktur im Bärenhüter das kleine Sternbild der Nördlichen Krone sehen. Ihre Sterne sind in einem Kreisbogen angeordnet, der an die Form einer Krone erinnert, und stehen im Mai gegen Mitternacht am höchsten.

Sterne

Der hellste Stern ist Alphecca (arabisch für »der Gebrochene«). Er liegt im Zentrum des Sternbildes und wird auch Gemma genannt, lateinisch für »Edelstein«. Nusakan, arabisch für »Schüssel der Armen«, strahlt nicht so hell.

Wissenswertes

Im Sternbild befindet sich auch der Stern T, eine Nova, die normalerweise mit bloßem Auge nicht sichtbar ist, jedoch bereits zweimal – 1866 und 1946 – über mehrere Tage so hell wie Alphecca wurde, bevor sie wieder ihre ursprüngliche Leuchtkraft annahm.

Mythologie

Die Nördliche Krone sah für die Aborigines wie ein Bumerang aus. Für die Griechen war sie die Krone der Ariadne, mit deren Faden Theseus einen Weg aus dem Labyrinth fand. Als Theseus sie später verließ, nahm Dionysos sie zur Frau und warf ihre Krone in den Himmel.

Nördliche Krone

Sternbild

Nusakan

Alphecca

T

Orientierung am Himmel

Direkt vor der Milchstraße liegt das helle Sternbild des Schwans, das dank seiner Form eines fliegenden Vogels bzw. eines Kreuzes leicht zu erkennen ist: In Anlehnung an das Sternbild »Kreuz des Südens«, das von der südlichen Hemisphäre aus sichtbar ist, wird es auch »Kreuz des Nordens« genannt.

Sterne

Der Stern Deneb, arabisch für »Schwanz der Henne«, ist ein Blauer Überriese und der hellste Stern im Sternbild: Er markiert den Schwanz des Schwans und bildet mit Altair im Adler und Wega in der Leier das Sommerdreieck (siehe Himmelskarte, S. 10–11). Albireo, arabisch für »Schnabel«, ist ein prächtiger Doppelstern.

Wissenswertes

Im Hochsommer können Sie am sehr dunklen Himmel einen riesigen dunklen Nebel namens Great Rift beobachten, der sich von Deneb aus über die Milchstraße und den Abschnitt des Sommerdreiecks Altair/Wega bis zum Schützen erstreckt.

Mythologie

Für die arabischen Astronomen sah dieses Sternbild wie eine Henne aus. Bei den Griechen symbolisierte der Schwan die Gestalt, die Zeus annahm, um Leda zu erobern: Aus ihrer Vereinigung gingen Kastor, Polydeukes (lateinisch Castor und Pollux) und Helena hervor.

Schwan

Deneb

Great
Rift

Albireo

Orientierung am Himmel

Der Delfin ist ein kleines, schwach leuchtendes Sternbild, das man bei guten Bedingungen in der Nähe des Sommerdreiecks (siehe Himmelskarte, S. 10–11) und des Sterns Altair im Adler findet.

Sterne

Die Hauptsterne des Delfins sind die beiden Doppelsterne Rotanev (der hellste) und Sualocin.

Wissenswertes

Die seltsamen Namen der beiden Hauptsterne blieben lange Zeit ein Rätsel, bis man verstand, dass es sich um den rückwärts gelesenen Namen von Nicolaus Venator (lateinisch für Niccolò Cacciatore) handelte – dem Assistenten des italienischen Astronomen Giuseppe Piazzi.

Mythologie

Die Griechen könnten den Namen des Sternbildes von Seefahrern wie den Phöniziern übernommen haben. Nach einer Legende überzeugte ein Delfin die Nereide Amphitrite, dass Poseidon sie wirklich liebte. Als Belohnung versetzte dieser das Tier an das Himmelsgewölbe.

Delfin

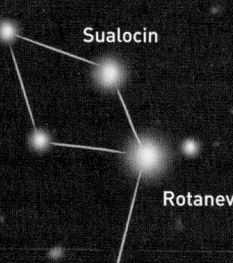

Sualocin

Rotanev

Orientierung am Himmel

Zwischen dem Kleinen und dem Großen Wagen schlängelt sich der Drache, eines der ausgedehntesten Sternbilder am Himmel. Zu seinen wenigen hellen Sternen gehören seine Augen, die leicht am Nachthimmel zu sehen und auf den Stern Wega in der Leier gerichtet sind.

Sterne

Die beiden hellsten Sterne im Sternbild sind die Augen des Drachens: Eltanin und Rastaban, arabisch für »Kopf des Drachens« bzw. »Kopf der Schlange«.

Wissenswertes

Der bekannteste, wenn auch nicht der hellste Stern im Sternbild ist Thuban, arabisch für »die Schlange«: In der Blütezeit der altägyptischen Zivilisation war er der Polarstern und diente beim Bau von Tempeln wie den Pyramiden von Gizeh als Orientierungspunkt.

Mythologie

Das Sternbild kommt in vielen Legenden als Drache und aufgrund seiner gewundenen Form auch als Schlange vor. Es könnte der Drache Ladon sein, der die goldenen Äpfel im Garten der Hesperiden bewachte und von Herkules bei der Erfüllung seiner elften Aufgabe getötet wurde.

Drache

Sternbild

Thuban

Rastaban

Eltanin

Orientierung am Himmel

Das große, schwach leuchtende und ausgedehnte Sternbild Eridanus, dessen Sterne in einem gewundenen, flussähnlichen Muster angeordnet sind, liegt zwischen den beiden Erdhalbkugeln, weshalb ein Teil des Sternbildes nur von Europa aus sichtbar ist. Bei guten Bedingungen können Sie den Beginn des Flusses am Fuß des Orion erkennen.

Sterne

Der hellste Stern im Sternbild heißt Achernar, arabisch für »das Ende des Flusses«. Von der Nordhalbkugel aus kann man ihn nicht sehen. Vor der Entdeckung des Südhimmels trug ein anderer Stern den Namen Achernar und markierte das Ende des Sternbildes.

Wissenswertes

Im Eridanus liegt ein riesiger kosmischer Leerraum (engl. *void*) mit einem Durchmesser von einer Milliarde Lichtjahren – ein riesiger Hohlraum zwischen den Supergalaxienhaufen im Kosmos.

Mythologie

Für die Griechen war Eridanus ein Fluss. Manche sehen darin die Rhône, den Po oder den Nil. Andere nannten ihn den Fluss des Orion, weil er am Fuß seines Sternbildes entspringt.

Eridanus

Sternbild

Vom Norden aus
sichtbarer Teil

alter
Achernar

Achernar

Orientierung am Himmel

Die Zwillinge sind ein Tierkreissternbild zwischen Stier und Krebs. Im Idealfall können Sie im Winter ihre beiden hellsten Sterne auf halber Strecke zwischen dem Großen Wagen und Orion sehen.

Sterne

Ihre beiden Hauptsterne sind nach zwei unzertrennlichen Brüdern benannt. Castor ist ein Mehrfachsternsystem und Pollux (der hellste Stern) ein Gelb-orangefarbener Riese.

Wissenswertes

Exoplaneten (Planeten außerhalb des Sonnensystems) wurden in der Nähe von mehreren Sternen des Sternbildes gesichtet, darunter Pollux.

Mythologie

Castor und Pollux, die Hauptsterne in den Zwillingen, waren in der griechischen Mythologie zwei unzertrennliche Brüder. Im Gegensatz zu Castor war Pollux unsterblich. Als Castor starb, besuchte der untröstliche Pollux ihn regelmäßig in der Unterwelt. Gerührt beschloss Zeus, die beiden am Himmel wieder zu vereinen.

Zwillinge

Pollux

Castor

Sternbild

Orientierung am Himmel

Der Große Hund, der im Januar gegen Mitternacht am höchsten steht, ist am besten im Winter zu beobachten. Er steht recht tief am Horizont und ist an seinem Stern Sirius zu erkennen, der sich in der Verlängerung der drei Sterne des Oriongürtels befindet.

Sterne

Sirius, griechisch für »der Feurige«, ist der hellste Stern des Sternbildes und des ganzen Himmels. Es handelt sich um einen Doppelstern, der zu den erdnächsten Sternen gehört.

Wissenswertes

Im alten Ägypten kündigte der heliakische Aufgang des Sirius (die Rückkehr des Sterns in der Morgendämmerung nach langer Abwesenheit) die Nilschwemme an.

Mythologie

In vielen Zivilisationen – von den Griechen bis zu den Inuit – wird dieses Sternbild mit dem Bild des Hundes assoziiert und ist schon deshalb von großer Bedeutung, weil Sirius dabei ist. Sein Aufgang fiel in Europa mit dem Beginn großer Hitzewellen zusammen; daher auch der Ausdruck »Hundstage«.

Großer Hund

Sirius

Orientierung am Himmel

Der Große Bär ist das ganze Jahr über gut sichtbar und wahrscheinlich das berühmteste Sternbild von allen. An sieben hellen Sternen, die den Großen Wagen, so die deutschsprachige Bezeichnung für diesen Teil des Sternbildes, bilden, ist er leicht zu erkennen.

Sterne

Unter den Sternen des Großen Wagens – Dubhe, Merak, Phekda, Megrez, Alioth, Mizar und Alkaid – ist Alioth der hellste. Mizar ist ein Doppelstern, dessen Begleiter Alkor heißt. Die beiden Sterne sind mit bloßem Auge zu sehen.

Wissenswertes

Wenn Sie die Linie zwischen den Sternen Merak und Dubhe um etwa das Fünffache verlängern, finden Sie den Polarstern.

Mythologie

In der griechischen Mythologie hatte Zeus zusammen mit der Nymphe Kallisto einen Sohn namens Arkas. Zeus' eifersüchtige Frau Hera verwandelte seine Geliebte in eine Bärin. Eines Tages stand Arkas dieser Bärin gegenüber, ohne zu wissen, dass es sich um seine Mutter handelte. Bevor er sie mit seinem Speer durchbohren konnte, versetzte Zeus sie an den Himmel.

Großer Wagen
(Teil des Großen Bären)

Mizar
Alkor

lkaid

Dubhe

Megrez

Alioth

Merak

Phekda

Orientierung am Himmel

Herkules, der im Juni gegen Mitternacht seinen Höchststand erreicht, ist eines der größten Sternbilder am Himmel. Er ist nicht sehr hell, doch dank seines Trapezes zwischen den Sternen Wega in der Leier und Arktur im Bärenhüter leicht zu finden.

Sterne

Die Sterne im Herkules haben keine große Leuchtkraft. Der hellste ist Kornephoros, griechisch für »der Keulenträger«. Der untere Stern heißt Ras Algethi, »der Kopf des Knienden« auf Arabisch. Der Held steht verkehrt herum am Himmel.

Wissenswertes

Unter hervorragenden Bedingungen können Sie den Sternhaufen im Trapez des Herkules mit bloßem Auge sehen. Der kleine verschwommene Fleck ist ein Kugelsternhaufen mit Hunderttausenden Sternen.

Mythologie

Das große Sternbild des Herkules verkörpert den knienden und mit einer Keule bewaffneten griechischen Helden, der durch seine zwölf Aufgaben berühmt wurde.

Herkules

Sternbild

Sternhaufen
im Herkules

Kornephoros

Ras Algethi

Orientierung am Himmel

Die Wasserschlange ist das ausgedehnteste Sternbild am Himmel: Sie umspannt fast ein Drittel des Himmelsgewölbes, umfasst aber nur wenige wirklich helle Sterne. Der Kopf der Wasserschlange, der aus fünf Sternen besteht, liegt südlich vom Krebs, auf halber Strecke zwischen Prokyon im Kleinen Hund und Regulus im Löwen. Der gewundene Körper reicht bis zur Waage.

Sterne

Der hellste Stern in diesem Sternbild heißt Alphard, »der Alleinstehende« auf Arabisch, weil um ihn herum keine anderen hellen Sterne leuchten. Er symbolisiert auch das Herz der Schlange.

Wissenswertes

In Abgrenzung zur »männlichen« Wasserschlange, die auf der Südhalbkugel zu sehen ist, wird dieses Sternbild manchmal auch »weibliche Wasserschlange« genannt.

Mythologie

Für die Griechen stand die Wasserschlange für die neunköpfige Schlange, gegen die Herkules bei der Erfüllung seiner zwölf Aufgaben kämpfen musste.

Wasserschlange

Alphard

Orientierung am Himmel

Das Sternbild Einhorn ist nicht sehr hell, doch aufgrund seiner Lage im Winterdreieck (das aus den Sternen Sirius im Großen Hund, Beteigeuze im Orion und Prokyon im Kleinen Hund besteht) leicht zu identifizieren.

Sterne

β-Monocerotis, der hellste Stern im Sternbild, ist ein Mehrfachstern, der aus einem Dreifachsternsystem besteht.

Wissenswertes

Im Einhorn liegt ein junger offener Sternhaufen, der unter guten Bedingungen mit bloßem Auge sichtbar ist und Dutzende Sterne umfasst, darunter den bemerkenswerten Konusnebel, eine dichte Dunkelwolke, und den Weihnachtsbaum-Sternhaufen.

Mythologie

Das Einhorn wurde vermutlich im 17. Jahrhundert kartografiert und ist ein modernes Sternbild, das mit keinem Mythos verbunden ist.

Einhorn

Sternhaufen

ß-Monocerotis

Orientierung am Himmel

Der Hase ist leicht zu finden, aber nur mäßig hell. Dieses kleine Wintersternbild befindet sich am Fuß des Sternbildes Orion und in der Nähe des Sterns Sirius im Großen Hund.

Sterne

Sein hellster Stern ist der Blaue Überriese Arneb, arabisch für »der Hase«. Nihal, »die Kamele«, ist ein Gelber Riese und ein Doppelstern..

Mythologie

In der griechischen Mythologie verfolgen der Große und der Kleine Hund den Hasen, die Beute des Jägers Orion.

Hase

Arneb

Nihal

Orientierung am Himmel

Der Löwe ist leicht zu erkennen, da seine vier hellsten Sterne ein abgeflachtes Trapez bilden. Zudem sind zwei seiner Sterne innerhalb des Großen Wagens zu finden und zeigen auf Regulus, seinen hellsten Stern. Bei guten Beobachtungsbedingungen können Sie den sichelförmigen Kopf des Löwen sehen.

Sterne

Sein Hauptstern ist Regulus, einer der hellsten Sterne am Himmel, auch Cor Leonis, »Herz des Löwen«, genannt. Denebola, »Schwanz des Löwen«, ist der zweithellste Stern des Bildes, gefolgt von Algieba, »Mähne des Löwen«.

Wissenswertes

In der Antike markierte der Löwe die Sommersonnenwende: Die Majestät des Tieres entsprach der intensiven Hitze der Sommersonne.

Mythologie

Für die Sumerer stellte dieses Sternbild den Löwen Humbaba dar, der von Gilgamesch niedergeschlagen wurde. Für die Chinesen war es ein Pferd, für die Ägypter eine Sichel, die an die Sommerernte erinnerte, und für die Griechen der Löwe, den Herkules bei der Erfüllung seiner ersten Aufgabe tötete.

Löwe

Algieba

Denebola

Regulus

Orientierung am Himmel

Die Leier steht im Sommer hoch am Himmel und liegt nahe der Milchstraße. Dank ihres hellen Sterns Wega, der mit Altair im Adler und Deneb im Schwan das Sommerdreieck bildet (siehe Himmelskarte, S. 10–11), ist dieses kleine Sternbild leicht zu erkennen.

Sterne

Wega, der Hauptstern der Leier, bedeutet auf Arabisch »herabstoßender Adler« und ist einer der hellsten Sterne am Himmel. Sheliak, »die Harfe«, ist ein veränderlicher Stern und Sulafat, »die Schildkröte«, erinnert daran, dass Schildkrötenpanzer früher als Resonanzkörper für Leiern dienten.

Wissenswertes

Aufgrund der Richtungsänderung der Drehachse der Erde wird sich auch der Polarstern verändern: In etwa 12.000 Jahren ist wieder Wega an der Reihe.

Mythologie

Im Mittleren Osten oder in Indien stand das Sternbild für einen Geier. Für die Griechen war die Leier das Instrument des Dichters Orpheus, der den Hades mit seiner Musik bezauberte, um seine Verlobte Eurydike vor dem Tod zu retten. Doch als er aus der Unterwelt kam, drehte er sich um, was ihm verboten war, und sie verschwand für immer.

Leier

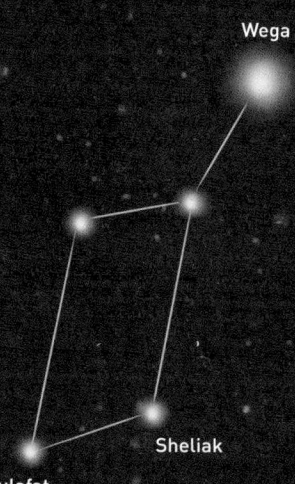

Wega

Sheliak

Sulafat

Orientierung am Himmel

Der Schlangenträger (lat. *Ophiuchus*), einst das dreizehnte Tierkreiszeichen, ist aufgrund seiner geringen Ausdehnung recht schwer zu entdecken. Sie können ihn anhand seines Hauptsterns Ras Alhague finden, der mit der Wega in der Leier und Altair im Adler ein Dreieck gegenüber dem Sommerdreieck bildet.

Sterne

Der hellste Stern im Sternbild ist Ras Alhague, arabisch für »der Kopf der Schlange«.

Wissenswertes

Im Jahr 1604 war in der Schlange eine Supernova zu sehen, die von Kepler beobachtet wurde. Galileo nutzte diese Entdeckung, um Aristoteles' These zu widerlegen, die einen unveränderlichen Himmel annahm.

Mythologie

Das Sternbild zeigt den Schlangenträger Asklepios, einen Helden der griechischen Mythologie, der sich in der Kunst der Medizin hervortat. Eine Schlange zeigte ihm ein magisches Kraut, mit dem er sogar Tote auferstehen lassen konnte. Die Schlange wurde sein Totem und ein Symbol der Medizin.

Schlangenträger

Ras Alhague

Orientierung am Himmel

Der Orion ist sehr hell und eines der schönsten Wintersternbilder. Dank seines »Gürtels«, der aus drei in einer Reihe liegenden Sternen besteht, ist er leicht zu erkennen.

Sterne

Der Körper des Orion besteht aus vier hellen Sternen: Rigel, Saiph, Beteigeuze und Bellatrix. Beteigeuze ist ein Roter Überriese und einer der größten bekannten Sterne. Wenn er unsere Sonne wäre, würde er über die Umlaufbahn des Jupiters hinaus reichen.

Wissenswertes

Unterhalb des Gürtels befindet sich der wunderschöne Orionnebel, eine von jungen Sternen beleuchtete Gas- und Staubwolke, die mit bloßem Auge wie ein großer weißer Nebelfleck aussieht.

Mythologie

Aufgrund der unvergleichlichen Helligkeit seiner Sterne kommt der Orion weltweit in vielen Legenden vor. Für die Griechen ist er ein legendärer Jäger, der von einem Skorpion getötet wird. Die beiden wurden auf gegenüberliegenden Seiten des Himmels platziert, damit sie sich nie wieder begegnen.

Orion

Bellatrix

Beteigeuzeuse

Sternbild

Orion-
nebel

Saiph

Rigel

Orientierung am Himmel

Pegasus steht zum Sommerende gegen Mitternacht am höchsten. Dieses große Sternbild ist leicht an seinem großen Quadrat zu erkennen, das am Nachthimmel als wichtiger Orientierungspunkt dient. Es besteht aus den Sternen Markab, Scheat, Algenib und Alpheratz, auch wenn Letzterer zum benachbarten Sternbild Andromeda gehört. Die drei übrigen Sterne bilden ein Dreieck, die Flügel des Pegasus.

Sterne

Die Namen aller Hauptsterne im Pegasus stammen aus dem Arabischen und beziehen sich auf das abgebildete Tier: Enif, der hellste Stern, bedeutet »Nasenloch«, Scheat »die Schulter«, Markab »der Sattel« und Algenib »die Flanke«.

Wissenswertes

Im Jahr 1995 wurde als erster Planet außerhalb des Sonnensystems 51 Pegasi in der Nähe eines Sterns im Pegasus entdeckt.

Mythologie

In der griechischen Mythologie ist Pegasus ein geflügeltes Pferd, auf dem der Held Perseus reitet, um die Prinzessin Andromeda zu retten.

Pegasus

Alpheratz

Scheat

Algenib

Markab

Enif

Orientierung am Himmel

Perseus sieht wie ein fünfzackiger Stern vor der Milchstraße aus. Sie finden ihn unterhalb der Kassiopeia, wenn Sie eine Linie vom großen Quadrat im Pegasus über die Andromeda bis zum Stern Capella im Fuhrmann ziehen.

Sterne

Der Hauptstern im Sternbild ist ein Überriese namens Mirfak, »der Ellenbogen der Plejaden« auf Arabisch. Doch am bekanntesten ist in vielen Zivilisationen Algol, »der Stern des Dämons«. Es handelt sich um einen veränderlichen Stern, dessen Helligkeitsvariationen über knapp drei Tage hinweg zu beobachten ist.

Wissenswertes

Zwischen Perseus und Kassiopeia befindet sich der Doppelsternhaufen im Perseus: zwei Zwillingssternhaufen, die aus Hunderten junger Sterne bestehen. Diesem Sternbild scheinen Mitte August auch die Sternschnuppen des Perseiden-Meteorstroms zu entspringen.

Mythologie

Als Sohn von Danaë und Zeus gelang es Perseus, die Gorgone Medusa (deren Augen der Stern Algol darstellt) zu enthaupten. Ihren Kopf brachte er dem Meeresungeheuer Keto, um die Prinzessin Andromeda zu retten.

Perseus

Mirfak

Doppelsternhau-
fen im Perseus

Algol

Sternbild

Orientierung am Himmel

Der Kleine Hund ist ein kleines Sternbild, das im Winter ideal zu beobachten ist. Er zeichnet sich durch den äußerst hellen Stern Prokyon aus, der sich östlich des Orions unter den Zwillingen befindet.

Sterne

Prokyon ist der Hauptstern des Kleinen Hundes. Am Nachthimmel gehört er zu den Sternen, die am hellsten leuchten und dem Sonnensystem am nächsten sind. Zusammen mit Sirius im Großen Hund und Beteigeuze im Orion bildet er das Winterdreieck.

Wissenswertes

Prokyon steigt kurz vor Sirius, auch »Hundsstern« genannt, am Nachthimmel auf. Sirius ist der Hauptstern im Sternbild des Großen Hundes und zugleich der hellste Stern am gesamten Himmel, der für viele Zivilisationen eine wichtige Bedeutung hat. Auf ihn geht auch der Name von Prokyon zurück, der auf Griechisch »vor dem Hund« bedeutet.

Mythologie

Für die Griechen war der Kleine Hund der Begleiter des Großen Hundes und des Jägers Orion, der den Hasen jagte.

Kleiner Hund

Prokyon

Orientierung am Himmel

Den Kleinen Bären, auch Kleiner Wagen genannt, können Sie vom Großen Bären aus finden: Wenn Sie die Linie zwischen den beiden hinteren Sternen des Großen Wagens um das Fünffache verlängern, gelangen Sie zum Polarstern, der das untere Ende des Kleinen Bären darstellt. Der Kleine Wagen steht auf dem Kopf und leuchtet nicht so hell wie der Große Bär.

Sterne

Der Hauptstern im Sternbild ist Polaris, der aktuelle Polarstern, weil er dem Himmelsnordpol am nächsten liegt und mit bloßem Auge sichtbar ist.

Wissenswertes

Aufgrund der Präzession der Tagundnachtgleichen war Polaris nicht immer der Polarstern und wird es auch nicht für immer bleiben: Vor mehr als 4000 Jahren nahm Thuban im Drachen diese Funktion ein und in ferner Zukunft wird Wega in der Leier Polarstern sein.

Mythologie

Für die Griechen war der Kleine Wagen Arkas, der Sohn von Zeus und Kallisto. Letztere wurde von Hera, Zeus' eifersüchtiger Frau, in eine Bärin verwandelt. Als Arkas bei der Jagd auf die Bärin stieß, versetzte Zeus sie an den Himmel.

Kleiner Bär

Polaris

Sternbild

Orientierung am Himmel

Die Fische liegen zwischen Wassermann und Widder und sind unter dem großen Quadrat von Pegasus und Andromeda zu finden. Die V-Form dieses recht großen, aber nicht sehr hellen Tierkreissternbildes erinnert an zwei Fische, deren Schwänze mit einem Seil verbunden sind.

Sterne

Der Hauptstern der Fische ist Alpherg, arabisch für »das Seil der Fische«. Alrischa, »der Knoten« auf Arabisch (der Knoten des Seils, das die beiden Fische aneinanderbindet), ist die Spitze des Sternbildes.

Wissenswertes

Heutzutage läuft die Sonne zur Zeit der Frühlings-Tagundnachtgleiche durch die Fische und nicht mehr – wie bei der Festlegung des Tierkreises – durch den Widder: Dennoch stellt der Widder nach wie vor das erste Sternbild des Tierkreises dar.

Mythologie

Neben anderen Wassersternbildern (Walfisch, Wassermann, Eridanus usw.) liegen auch die Fische im Himmelsmeer. Für die Griechen symbolisierten sie Aphrodite und ihren Sohn Eros, die sich beim Schwimmen im Fluss in Fische verwandelten, um dem Ungeheuer Typhon zu entkommen. Um sich nicht zu verlieren, banden sie ihre Schwänze mit einem Seil aneinander.

Fische

Alpherg

Alrischa

Orientierung am Himmel

Zwischen Steinbock und Skorpion liegt der Schütze, den Sie vom Skorpion aus leicht finden können: Die charakteristische Teekannenform dieses Tierkreissternbildes befindet sich hinter dem Schwanz des Skorpions.

Sterne

Sein Hauptstern ist Kaus Australis, »südlicher Bogen« auf Griechisch, ein Blauer Riese und Doppelstern. Der zweithellste Stern trägt den assyrischen Namen Nunki.

Wissenswertes

In Richtung des Schützen ist die Milchstraße besonders breit und dicht: Dort befindet sich ihr Bulge (englisch für »Ausbuchtung«), das Zentrum unserer Galaxie. In sehr dunklen Nächten können wir auch eine Art Dampfwolke beobachten, die aus dem Ausguss der Teekanne austritt: Dabei handelt es sich um den Lagunennebel, eine Gas- und Staubwolke mit jungen Sternen.

Mythologie

Für die Griechen stellte der Schütze einen Zentauren und Bogenschützen dar – halb Pferd, halb Mensch.

Schütze

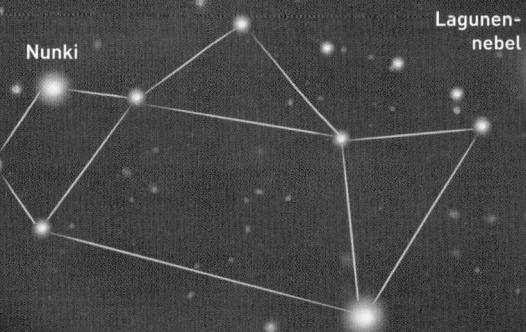

Lagunen-
nebel

Nunki

Kaus Australis

Orientierung am Himmel

Der Skorpion ist aufgrund seiner Leuchtkraft, seiner großen Ausdehnung und seiner Ähnlichkeit mit dem Tier, nach dem er benannt ist, leicht am Sommerhimmel zu finden. Er gehört zum Tierkreis und liegt zwischen Schütze und Waage.

Sterne

Sein Hauptstern, einer der hellsten am Himmel, ist Antares, griechisch für »Rivale des Mars«. Der Stern, ein Roter Überriese, der auch »Herz des Skorpions« genannt wird, ist aufgrund seiner rötlichen Farbe leicht mit dem Planeten Mars zu verwechseln.

Wissenswertes

Nahe dem Schwanz des Skorpions können Sie zwei wunderschöne offene Sternhaufen beobachten: Ptolemäus' Sternhaufen, der von Ptolemäus im zweiten Jahrhundert erstmals erwähnt wurde, und den Schmetterlingshaufen, der etwas weniger hell leuchtet. Vom Skorpion aus können Sie auch das nahe gelegene Zentrum der Milchstraße finden: Es befindet sich im Schütze, einem schwächer leuchtenden Nachbarsternbild.

Mythologie

Der Skorpion wurde von Artemis ausgesandt, um Orion zu töten. Daher wurde er an die gegenüberliegende Seite des Himmels versetzt: Wenn er im Osten aufsteigt, geht Orion im Westen unter.

Skorpion

Antares

Ptolemäus'
Sternhaufen

Schmetter-
lingshaufen

Sternbild

Orientierung am Himmel

Der Stier ist ein gut sichtbares Tierkreissternbild über Orion, das zwischen dem Widder und den Zwillingen liegt. Am besten können Sie es im Winter beobachten.

Sterne

Sein Hauptstern ist ein Roter Riese namens Aldebaran, arabisch für »der Folgende«, da er dem Sternhaufen der Plejaden am Himmel folgt. Aldebaran bedeutet auch »das Auge des Stiers«. Der zweithellste Stern ist Elnath, »die Hörner«, der mit dem benachbarten Sternbild des Fuhrmanns ein Sechseck bildet.

Wissenswertes

Im Stier liegen zwei auffällige Sternhaufen: die Plejaden, von denen etwa zehn Sterne mit bloßem Auge sichtbar sind, und die Hyaden um Aldebaran.

Mythologie

Für die Griechen nahm Zeus die Gestalt eines weißen Stiers an, um die phönizische Prinzessin Europa zu entführen. Europa ritt auf dem Stier bis nach Kreta, wo sie sich mit Zeus vereinigte.

Stier

Elnath

Plejaden

Aldebaran und
Sternhaufen der
Hyaden

Orientierung am Himmel

Dieses kleine, mäßig helle Sternbild hat die Form eines länglichen Dreiecks und liegt zwischen Widder, Fische, Andromeda und Perseus.

Sterne

Sein Hauptstern heißt Deltoton und bezieht sich auf das Nildelta, dessen Form vom Sternbild angedeutet wird. Metallah bildet die Spitze des Dreiecks.

Wissenswertes

Im Sternbild befindet sich die Dreiecksgalaxie, die nach der Andromedagalaxie die zweitnächste Spiralgalaxie ist. Bei hervorragenden Beobachtungsbedingungen ist sie mit bloßem Auge zu sehen.

Mythologie

Das Dreieck gehört zu den wenigen antiken Sternbildern, die sich nicht auf einen Mythos beziehen, und ist als Einziges nach einer geometrischen Figur benannt. Anscheinend erinnerte es die Griechen an das Nildelta.

Dreieck

Deltoton

Dreiecks-
galaxie

Metallah

Sternbild

Orientierung am Himmel

Der Wassermann liegt am Fuß des Pegasus zwischen Steinbock und Fische und steht im Spätsommer gegen Mitternacht am höchsten. Die beiden hellsten Sterne bilden eine Linie, die den sichtbarsten Teil des Tierkreissternbildes darstellt und auf die Hörner des Steinbocks zeigt.

Sterne

Die arabischen Namen der beiden Hauptsterne des Wassermanns beziehen sich auf das Glück: Sadalsuud, ein weit entfernter Roter Überriese, bedeutet »das Glück des Glücks« und Sadalmelik »das Glück der Könige«.

Wissenswertes

Der Wassermann (lat. *Aquarius*) liegt in einer Region des Himmels, die aufgrund ihrer vielen Wassersternbilder Meer genannt wird. In zahlreichen Zivilisationen ist er ein Symbol für das Wasser.

Mythologie

Die Babylonier sahen in ihm den Gott Ea, der eine überlaufende Vase voller Wasser trug. Die Ägypter brachten ihn mit der Nilschwemme in Verbindung. Für die Griechen war er ebenfalls eine Vase und für die Hindus ein Wasserkrug. In China assoziierte man ihn mit dem Kaiser Hin, in dessen Herrschaftszeit eine Flut fiel.

Wassermann

Sadalmelik

Sadalsuud

Orientierung am Himmel

Die Jungfrau liegt zwischen Waage und Löwe und ist nach der Wasserschlange das zweitgrößte Sternbild am Himmel. Das Tierkreissternbild ist dank seines hellsten Sterns Spica leicht zu bestimmen: Letzterer befindet sich in der Verlängerung eines Kreisbogens, der vom Schwanz des Großen Bären durch Arktur im Bärenhüter führt.

Sterne

Der Stern Spica, lateinisch für »Kornähre«, ist der hellste Stern im Sternbild. Es handelt sich um einen Blauen Riesen und einen Doppelstern. Mit Regulus im Löwen und Arktur im Bärenhüter bildet Spica das Frühlingsdreieck.

Wissenswertes

Im Norden des Sternbildes gibt es sehr viele Galaxien, darunter den Virgo-Galaxienhaufen, der Hunderte Galaxien umfasst und zum Virgo-Superhaufen gehört – ebenso wie die Lokale Gruppe, in der sich die Milchstraße befindet.

Mythologie

In der Antike fiel der heliakische Aufgang des Sterns Spica mit der Erntezeit zusammen: Für die Griechen verkörperte das Sternbild Demeter, die Göttin des Ackerbaus, die eine Kornähre hält.

Jungfrau

Sternbild

Spica

Beobachtung

An einem sehr dunklen Himmel erscheint die Milchstraße wie ein weißlicher Schleier, der sich durch den Himmel zieht. Dabei handelt es sich um unsere Galaxie, die man von der Erde aus im Querschnitt sehen kann: Sie umfasst die meisten Himmelsobjekte, die wir am Sternenhimmel beobachten. Im Sommer können Sie ihr Zentrum (den Bulge) im Schützen beobachten. Dort sehen Sie auch dunkle Regionen, in denen das Sternenlicht vom kosmischen Staub absorbiert wird.

Wissenswertes

Die Milchstraße ist eine Spiralgalaxie mit etwa 200 Milliarden Sternen (einschließlich der Sonne). Ihre Spiralarme winden sich um einen dichten Zentralbereich mit einem supermassiven schwarzen Loch in der Mitte.

Mythologie

Für die amerikanischen Ureinwohner war die Milchstraße der Weg ins Jenseits, den die Toten zurücklegen, für die Polynesier ein Meeresarm voller Seesterne und für die Ägypter ein himmlisches Spiegelbild des Nils. Ihr Name geht auf einen griechischen Mythos zurück: Zeus legte seinen Sohn Herakles (der aus seiner Zusammenkunft mit einer Sterblichen hervorging) an die Brust seiner schlafenden Frau Hera, deren Milch ihn unsterblich machen sollte. Als Hera erwachte, stieß sie ihn weg. Dabei floss die Milch aus ihrer Brust über den Himmel und bildete die Milchstraße.

Milchstraße

Erde

Orientierung am Himmel

Die Andromedagalaxie liegt im gleichnamigen Sternbild. Ihren Kern findet man, wenn man eine Linie zwischen dem Stern Mirach in der Andromeda und der rechten Spitze des »Ws« der Kassiopeia zieht.

Beobachtung

Sie ist an einem sehr dunklen Himmel zu beobachten und gehört zu den seltenen Galaxien, die in der nördlichen Hemisphäre mit bloßem Auge von der Erde aus sichtbar sind. Die Andromedagalaxie, eines der größten Objekte am Himmel, sieht aus wie ein milchiger Fleck, der um einiges länger als der scheinbare Durchmesser des Mondes ist. Dabei ist nur ihr Kern, der zentrale und hellste Teil, mit bloßem Auge zu sehen.

Wissenswertes

Andromeda ist die Spiralgalaxie, die unserer Galaxie – der Milchstraße – am nächsten liegt. Die beiden nähern sich einander an und werden in 4 Milliarden Jahren aufeinandertreffen: Durch den Austausch von Gas und Sternen vermischen sie sich langsam zu einer großen elliptischen Galaxie, die auch »Milkomeda« (eine Kombination aus englisch *Milky Way* und *Andromeda*) genannt wird.

Andromedagalaxie

Orientierung am Himmel

Der Sternhaufen der Plejaden im Sternbild Stier ist leicht zu finden. Er befindet sich in der Verlängerung der Linie, die vom Oriongürtel durch Aldebaran im Stier führt.

Beobachtung

Mit bloßem Auge können Sie mühelos sechs bis sieben sehr helle Sterne sehen, die nahe beieinander liegen. Manchmal sind sogar zehn bis zwölf zu erkennen.

Wissenswertes

Die Plejaden sind ein offener Sternhaufen, eine Gruppe von etwa 2000 jungen Sternen, die aus derselben Gaswolke entstanden: Sie sind gleich alt und werden sich über Millionen von Jahren langsam voneinander entfernen. Schon in prähistorischen Zeiten waren die Plejaden bekannt: Da ihr Auftauchen und Verschwinden am Himmel der nördlichen Hemisphäre das Frühjahr und den Herbst markierten, stellten sie eine wichtige Orientierungshilfe für den Ackerbau dar.

Mythologie

Die Plejaden verkörpern sieben Schwestern aus der griechischen Mythologie, die Töchter des Riesen Atlas und seiner Frau Pleione: Alkyone, Celaeno, Elektra, Asterope, Taygete, Maia und Merope, nach denen die mit bloßem Auge sichtbaren Sterne des Sternhaufens benannt sind.

Plejaden

Orientierung am Himmel

Der Sternhaufen der Hyaden befindet sich um Aldebaran, den hellsten Stern im Sternbild Stier, der jedoch nicht zum Sternhaufen gehört. Letzterer liegt doppelt so weit von uns entfernt wie dieser Stern.

Beobachtung

Die Hauptsterne der Hyaden bilden ein großes V, das im Sternbild Stier den Kopf bildet, während Aldebaran sein Auge ist. Dieser Sternhaufen ist nicht so hell wie die Plejaden, da seine Sterne weniger dicht beieinander stehen.

Wissenswertes

Die Hyaden bestehen aus mehr als 300 Sternen und bilden den Sternhaufen, der der Erde am nächsten ist. Wie bei den meisten offenen Sternhaufen entfernen sich die jungen Sterne, die aus derselben Gaswolke entstanden sind, langsam voneinander, was zum Zerfall des Sternhaufens führt. Durch die Beobachtung der Hyaden während einer Sonnenfinsternis konnte Einsteins berühmte Allgemeine Relativitätstheorie bestätigt werden.

Mythologie

Der Name der Hyaden geht zurück auf die Nymphen des Regens, die Ammen von Dionysos, die von Zeus als Dank für die Pflege seines Sohns an den Himmel versetzt wurden.

Hyaden

Orientierung am Himmel

Ptolemäus' Sternhaufen befindet sich im Sternbild Skorpion und ist zwischen dem Schwanz des Skorpions und dem Sternbild Schütze zu finden.

Beobachtung

Unter guten Beobachtungsbedingungen erscheint er als blasser, runder Fleck. Auch wenn die jungen Sterne, aus denen der Sternhaufen besteht, nicht mit bloßem Auge voneinander zu unterscheiden sind, ist er doch aufgrund der Ansammlung von Sternen leicht zu erkennen. Nicht weit entfernt liegt ein weiterer, kleinerer Fleck: der Schmetterlingshaufen.

Wissenswertes

Ptolemäus' Sternhaufen gehört zu den offenen Sternhaufen, die der Erde am nächsten sind, und ist nach dem griechischen Gelehrten Claudius Ptolemäus benannt, der ihn im zweiten Jahrhundert n. u. Z. erstmals erwähnte. Da er sich direkt über dem Schwanz des Skorpions befindet, beschrieb Ptolemäus ihn als »den Nebel, der dem Stachel des Skorpions folgt«.

Ptolemäus' Sternhaufen

Orientierung am Himmel

Der Doppelsternhaufen im Perseus ist unter dem Sternbild Kassiopeia in Richtung des Sternbildes Perseus zu finden.

Beobachtung

An einem sehr dunklen Himmel ist er mit bloßem Auge als weißlicher, ovaler Fleck zu erkennen (was daran erinnert, dass es sich um einen Doppelsternhaufen handelt). Er ist etwas größer als der Vollmond, aber viel schwächer.

Wissenswertes

Die beiden Sternhaufen, die aus derselben interstellaren Gaswolke stammen und fast gleich alt sind, enthalten viele junge Sterne, die mehrere Millionen Jahre alt sind. Obwohl der Doppelsternhaufen im Perseus viel weiter von uns entfernt ist als der Sternhaufen der Plejaden, wirkt er fast gleich groß, was eine Vorstellung von seiner gigantischen Größe vermittelt.

Doppelsternhaufen
im Perseus

Orientierung am Himmel

Der Orionnebel befindet sich im gleichnamigen Sternbild, direkt unter den drei hellen Gürtelsternen des Jägers.

Beobachtung

Weit entfernt von Lichtverschmutzung ist der riesige Nebel mit bloßem Auge deutlich sichtbar. Unter den drei Sternen des Oriongürtels erscheint er als ein großer, verschwommener weißlicher Fleck, der viermal so groß ist wie der Vollmond.

Wissenswertes

Der Orionnebel ist nur der mit bloßem Auge sichtbare Teil einer riesigen interstellaren Gaswolke, die sich durch einen Großteil des Sternbildes Orion zieht. In solchen Wolken werden Sterne geboren, weshalb Astronomen sie auch Sternkrippen nennen. Im Orionnebel gibt es daher etliche sehr junge Sterne, durch deren Beobachtung wir ihre Entstehung besser verstehen können.

Orionnebel

Orientierung am Himmel

Den Lagunennebel können Sie im Sternbild Schütze beobachten, direkt über den Sternen, die die charakteristische Teekanne des Sternbildes bilden.

Beobachtung

An einem mondlosen Himmel ist der Nebel fernab jeglicher Lichtverschmutzung mit bloßem Auge sichtbar. Er sieht aus wie eine kleine Dampfwolke über dem Ausguss der Teekanne, scheinbar dreimal so groß wie der Vollmond.

Wissenswertes

Der Lagunennebel ist eine riesige Wasserstoff- und Staubwolke. Er besteht aus sehr jungen Sternen, die Sternhaufen bilden, und aus Sternen, die sich noch im Entstehungsprozess befinden.

Lagunennebel

Deep Sky

Theorie

Wenn die Erde die Staubwolken durchwandert, die ein Komet auf seiner Bahn hinterlassen hat, dringen viele Staubkörner in die Atmosphäre ein. Durch die Reibung mit der Luft werden deutlich sichtbare leuchtende Spuren ausgelöst (oft mehrere Dutzend pro Stunde): Dabei handelt es sich um einen Meteorstrom.

Beobachtung

Meteorströme sind periodische Phänomene. Sie werden nach dem Sternbild benannt, aus dem die Sternschnuppen zu kommen scheinen, weshalb man in diese Richtung schauen sollte. Mitte Dezember sieht man zum Beispiel die Geminiden (Zwillinge) und Mitte August die Perseiden (Perseus), einen Meteorstrom aus dem Staub des Kometen Swift-Tuttle.

Wissenswertes

Die Perseiden sind sehr beliebt, da sie auf der Nordhalbkugel mitten im Sommer unter hervorragenden Beobachtungsbedingungen zu sehen sind. Anlässlich dieses Meteorstroms finden in vielen Städten Europas besondere Themennächte der Astronomie mit zahlreichen Veranstaltungen statt.

Meteorstrom

Theorie

Ein Komet besteht aus einem Kern aus Eis und Staub, der in einer elliptischen Umlaufbahn um einen Stern kreist. Wenn er dem Stern sehr nahekommt, entstehen durch die Wechselwirkung sowohl die Koma, eine dünne Gas- und Staubschicht an der Oberfläche, als auch der Schweif, Gas- und Staubspuren. Diese reflektieren das Licht des Sterns, sodass wir den Kometen beobachten können.

Beobachtung

Auch wenn Kometen manchmal sogar tagsüber sichtbar sind, ist ihre Beobachtung mit bloßem Auge nach wie vor nur selten möglich: Über ihre periodische Wiederkehr informieren aktuelle Nachrichten aus der Astronomie. Beispielsweise ist der berühmte Komet Halley alle 75 Jahre zu sehen: Nachdem er 1986 an der Erde vorbeizog, wird er 2061 wieder erwartet. Der Enckesche Komet zieht alle dreieinhalb Jahre an der Erde vorbei.

Wissenswertes

Die alten Griechen nannten sie »Haarsterne«, griechisch *kometes*, woraus sich der heutige Begriff ableitet. Ihr Erscheinen wurde – je nach Aussehen und Zeitpunkt – als ein gutes oder schlechtes Omen gewertet. Erst seit der Renaissance begann man, dieses Phänomen wirklich zu verstehen.

Komet

Astro-
nomische
Erscheinung

Theorie

Bei einer Sonnenfinsternis steht der Mond zwischen Sonne und Erde, was nur bei Neumond möglich ist. Wenn die Sonne vollkommen verdeckt ist, spricht man von einer totalen und sonst von einer partiellen Sonnenfinsternis.

Beobachtung

Bei einer Sonnenfinsternis (die Sie unbedingt durch eine spezielle Schutzbrille beobachten müssen, da Sie sonst sehr schwere Augenverbrennungen riskieren) schiebt sich der Mond langsam vor die Sonne und verdeckt sie bei einer totalen Finsternis vollständig. Für einige Minuten ist es dann sehr dunkel, die hellsten Sterne tauchen am Himmel auf und ein Lichtkranz breitet sich um die Mondscheibe aus: Dabei handelt es sich um die Sonnenkorona, die zu dunkel ist, um tagsüber sichtbar zu sein. Das Phänomen der Sonnenfinsternis tritt nicht zufällig auf, sondern ist vorhersehbar und alle zwei bis drei Jahre zu beobachten, jedoch nur in bestimmten Weltregionen.

Wissenswertes

Die Sonnenfinsternis von 1919 bestätigte eine Vorhersage aus Einsteins berühmter Allgemeinen Relativitätstheorie und bewies die Richtigkeit seiner Theorie.

Sonnenfinsternis

Theorie

Bei einer Mondfinsternis befindet sich die Erde genau zwischen Sonne und Mond, was nur bei Vollmond möglich ist. Wenn der Mond vollkommen verdeckt ist, spricht man von einer totalen und sonst von einer partiellen Finsternis.

Beobachtung

Bei einer totalen Mondfinsternis blockiert der Schatten der Erde das Sonnenlicht, doch ein winziger Teil davon wird beim Durchgang durch die Erdatmosphäre abgelenkt: Dieses Licht erreicht den Mond, der daraufhin für etwa eine Stunde rötlich aussieht. Eine Mondfinsternis können Sie mit bloßem Auge ohne Schutzbrille beobachten. Sie sind – wie die der Sonne – vorhersehbar, aber häufiger: Sie finden etwa zweimal im Jahr statt und sind vom gesamten nächtlichen Teil der Erde aus sichtbar.

Wissenswertes

Mithilfe von astronomischen Tabellen sagte Christoph Kolumbus 1504 eine Mondfinsternis voraus, um die indigene Bevölkerung Jamaikas zu beeindrucken und zur Hilfe zu bewegen.

Mondfinsternis

Theorie

Wenn ein Himmelskörper in die Atmosphäre eintritt, kommt es aufgrund seiner Reibung mit der Luft zu einem Lichtphänomen. Wenn er klein ist, wird er Sternschnuppe genannt und zerfällt, bevor er die Erdoberfläche erreicht. Ist er größer, wird er als Bolid bezeichnet, kann einen Einschlagkrater auf der Erdoberfläche verursachen und sogar vollständig oder in Stücken gefunden werden: Diese Himmelsfragmente heißen Meteoriten.

Beobachtung

Da Meteoriteneinschläge äußerst selten sind, können Sie Meteoriten am ehesten in Museen sehen. Bisher wurden Zehntausende klassifiziert und analysiert, wobei ein kleiner Teil sogar vom Mond oder – was noch seltener vorkommt – vom Mars stammt.

Wissenswertes

Das Sonnensystem ist voller Staub und Asteroidenfragmente, die die Erde auf ihrer Umlaufbahn unaufhörlich durchwandert. Jeden Tag dringen 300 Tonnen Gestein und Staub in die Atmosphäre ein, von denen etwa 2 % die Oberfläche erreichen. Meteoritenjäger liegen immer auf der Lauer, denn Meteoriten sind kostbar: Durch ihre Analyse können wir mehr über die Geschichte des Universums erfahren.

Meteorit

Astronomische Erscheinung

Theorie

Das Zodiakallicht, auch Tierkreislicht genannt, ist ein schwaches, kegelförmiges Leuchten, das man sehen kann, wenn der Himmel sehr dunkel ist. Es entsteht durch die Reflexion des Sonnenlichts an den unzähligen mikroskopisch kleinen kosmischen Staubpartikeln, die zwischen den Planeten des Sonnensystems umherwandern.

Beobachtung

Das Tierkreislicht erstrahlt um die Ekliptik (also um den Tierkreis, daher auch der Name), steigt vom Horizont auf und erstreckt sich wie ein Kegel. Da es nicht sehr hell leuchtet, können Sie es nur weit entfernt von jeglicher Lichtverschmutzung und am besten in einer mondlosen Nacht sehen. In europäischen Breitengraden können wir es am besten beobachten, wenn die Ekliptik senkrecht zur Horizontlinie steht. Im Frühjahr erscheint es im Westen etwa eineinhalb Stunden nach Sonnenuntergang. Im Herbst sehen Sie es im Osten etwa eineinhalb Stunden vor Sonnenaufgang.

Wissenswertes

Bis ins 20. Jahrhundert war das Zodiakallicht, von dem zum Beispiel das Pariser Observatorium regelmäßig berichtete, leicht zu beobachten, da es in den Städten noch keine nächtliche Beleuchtung gab. Heute ist es völlig unmöglich, es in einer städtischen Umgebung zu sehen.

Zodiakallicht

Theorie

Polarlichter werden durch die Wechselwirkung des Sonnenwindes mit der Atmosphäre verursacht. Die von der Sonne ausgestoßenen Teilchenströme treffen auf das Magnetfeld der Erde, das als Schutzschild wirkt und sie in Richtung der Erdpole lenkt. Dort ionisieren sie in der oberen Atmosphäre die Atome, die dann das Licht ausstrahlen.

Beobachtung

Polarlichter sind große, helle und farbenfrohe Phänomene am Nachthimmel und in den Regionen der Erde zu sehen, die den Polen am nächsten liegen. Im Norden werden sie als Nordlicht und im Süden als Südlicht bezeichnet. Wenn ein seltener starker Sonnensturm auftritt, können wir Polarlichter auch in unseren Breitengraden beobachten. Durch die Überwachung der Sonnenaktivität lassen sie sich vorhersagen. Darüber informieren verschiedene Apps.

Wissenswertes

Die Farben des Polarlichts hängen von den ionisierten Atomen ab. Die Wechselwirkungen zwischen Sonnenteilchen und Atomen finden in großer Höhe statt, wo es reichlich Sauerstoff gibt, der bei der Ionisierung hauptsächlich grün strahlt. Aus diesem Grund ist das Polarlicht häufig in dieser Farbe zu sehen.

Polarlicht

Theorie

Da die Rotationsachse der Erde in Relation zur Sonnenachse leicht geneigt ist, werden nicht alle Regionen der Erde gleich beschienen: Dadurch entstehen Jahreszeiten sowie je nach Breitengrad und Jahreszeit unterschiedliche Tageslängen.

Beobachtung

Um die Sommersonnenwende wird es in der Nähe des arktischen und antarktischen Polarkreises nachts nicht dunkel. Wenn die Sonne unter dem Horizont verschwindet, sinkt sie nicht tief genug, um es ganz dunkel werden zu lassen: Dabei handelt es sich um die Weißen Nächte. Jenseits der Polarkreise geht die Sonne gar nicht unter: An den so genannten Polartagen scheint die Mitternachtssonne (siehe Abbildung). An den Polen scheint die Sonne sechs Monate in Folge. Um die Wintersonnenwende geht die Sonne an den Polarkreisen nicht auf und an den Polen geht sie ganze sechs Monate lang nicht auf: Dabei handelt es sich um die Polarnacht.

Wissenswertes

Beim Fest der Weißen Nächte in Sankt Petersburg werden diese besonderen Nächte gefeiert. In unseren Breitengraden finden viele Feste anlässlich der Sommersonnenwende statt. Auf die Wintersonnenwende geht der Termin des Weihnachtsfestes zurück, das alte heidnische Fest von der Wiederkehr des Lichts.

Besondere Nächte

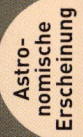

Beobachtung

Eine Supernova ist die Explosion eines sehr massereichen Sterns am Ende seiner Lebenszeit. Über mehrere Tage setzt er so viel Energie frei wie eine Galaxie und kann so hell leuchten, dass er von der Erde aus monatelang mit bloßem Auge sichtbar ist – sogar tagsüber. Die Beobachtung einer Supernova ist nach menschlichem Maßstab sehr selten. In unserer Galaxie kommt sie ein- bis dreimal pro Jahrhundert vor. Über ein solches Ereignis berichten dann alle Medien.

Wissenswertes

Während der Explosion werden die im Sternkern gebildeten schweren Atomkerne (Kohlenstoff, Sauerstoff, Stickstoff usw.) abgestoßen und in den interstellaren Raum abgegeben. Ein Teil der Materie dehnt sich zu einem Nebel aus (dem Supernovaüberrest). Der Rest des Sterns kollabiert und entwickelt sich manchmal zu einem stellaren Schwarzen Loch.

Geschichte

Lange Zeit glaubten die Menschen, dass dieses Phänomen die Geburt eines Sterns anzeigt, obwohl es in Wirklichkeit sein Verschwinden bedeutet. Die bekannteste Supernova ereignete sich im Jahr 1054 und wurde in vielen fernöstlichen Dokumenten erwähnt. Ihr Überrest bildet heute den Krebsnebel (siehe Abbildung).

Supernova

Glossar

Äquinoktium oder **Tagundnachtgleiche:** Eine Zeit, in der Tag und Nacht aufgrund der Position der Erde bei ihrer Umdrehung um die Sonne genau gleich lang sind. In jedem Jahr gibt es zwei Tagundnachtgleichen, die mit dem Frühlings- und Herbstbeginn zusammenfallen.

Asterismus: Dieses Muster wird von besonders hellen Sternen gebildet, die jedoch keinen gemeinsamen Ursprung haben. Es kann zu einem oder mehreren Sternbildern gehören.

Bulge: Der dichte Zentralbereich einer Spiralgalaxie.

Deep Sky: Himmelsobjekte, die sich außerhalb des Sonnensystems befinden.

Doppelstern: Zwei Sterne, die um einen gemeinsamen Schwerpunkt kreisen und ein Doppelsystem bilden.

Ekliptik: Die Linie am Himmel, die die Projektion der Ebene darstellt, in der sich die Umlaufbahnen der Planeten um die Sonne befinden: Auf dieser Linie beobachten wir von der Erde aus die Bewegungen der Planeten.

Ephemeriden: Astronomische Tabellen, die für jeden Tag die Position von Himmelskörpern wie den Planeten angeben.

Galaxie: Ein System von Milliarden Sternen, die durch Schwerkraft zusammengehalten werden.

Gestirn: Jeder sichtbare Himmelskörper, der selbst leuchtet oder das Licht von anderen Sternen reflektiert (Stern, Planet, Galaxie, Nebel usw.).

Heliakischer Aufgang: Der Moment, in dem ein Stern in der Morgendämmerung im Osten aufgeht, nachdem er eine Zeit lang unter dem Horizont oder durch das Sonnenlicht verdeckt war.

Kugelsternhaufen: Sehr dichter Sternhaufen, der Hunderttausende von Sternen umfasst und nahe dem galaktischen Kern liegt.

Mehrfachstern: Ein Sternsystem, das aus drei oder mehr Sternen besteht.

Nebel: Eine Wolke aus kosmischer Materie, die aus interstellarem Gas und Staub besteht.

Nova: Ein Stern, der plötzlich extrem hell wird.

Offener Sternhaufen: Ein Sternhaufen, der Hunderte von gleichaltrigen Sternen umfasst, die in derselben Gaswolke entstanden und durch Schwerkraft miteinander verbunden sind.

Opposition: Ein Planet steht in Opposition, wenn er sich von der Erde aus gesehen auf der gegenüberliegenden Seite der Sonne befindet. In dieser Position ist er der Erde am nächsten und am besten zu beobachten.

Planet: Ein festes oder gasförmiges Gestirn, das sich um einen Stern dreht. Ein Planet strahlt kein Licht aus, sondern reflektiert das Licht eines Sterns.

Präzession der Tagundnachtgleichen: Langsame Richtungsänderung der Drehachse der Erde.

Sonnenwende: Es gibt zwei Sonnenwenden im Jahr. Die Wintersonnenwende, die den Beginn dieser Jahreszeit markiert, ist die längste Nacht des Jahres, und die Sommersonnenwende die kürzeste.

Stern: Ein Himmelskörper, der durch Fusionsreaktionen in seinem Kern eigenes Licht erzeugt.

Sternbild: Sterne, die am Himmel nahe genug beieinander liegen (aber keinen gemeinsamen Bezug haben), um ein Muster zu ergeben, das im Lauf der Menschheitsgeschichte zur Orientierung in Raum und Zeit und als mythologische Darstellung diente.

Supernova: Explosion eines massereichen Sterns am Ende seiner Lebenszeit.

Veränderlicher Stern: Ein Stern, dessen Leuchtkraft sich im Lauf der Zeit ändert, wobei die Perioden unterschiedlich lang sind.

Zodiak oder **Tierkreis:** Himmelszone um die Ekliptik, in der sich die Tierkreissternbilder befinden.

Register